1小时读懂地球

AN HOUR

[英]迈克尔·布莱特◎著
Michael Bright
孙贤贤◎译

机械工业出版社
CHINA MACHINE PRESS

从地质学到地理学、从赤道到极地、从植物到动物、从海洋到陆地再到天空，我们的地球充满了各种迷人景象。这本书会告诉所有对地球好奇的人：世界上最长的河在哪里？最深的海有多深？最大的热带雨林在哪里？最高的树是什么？最早出现的植物是什么？最古老的岩石是什么？有多少种昆虫？飓风是怎样形成的？从地球的诞生到最新的进化奇迹，这本书包含了超过2000个关于我们这颗星球最不可思议的知识，为你解答关于我们所居住的星球的所有问题。

北京市版权局著作权合同登记 图字：01-2020-0395号。

图书在版编目（CIP）数据

1小时读懂地球 /（英）迈克尔·布莱特著；孙贤贤译.
—北京：机械工业出版社，2020.9（2023.10重印）
书名原文：The Pocket Book Of Planet Earth
ISBN 978-7-111-65934-1

Ⅰ.①1… Ⅱ.①迈… ②孙… Ⅲ.①地球科学－普及读物
Ⅳ.①P-49

中国版本图书馆CIP数据核字（2020）第110557号

机械工业出版社（北京市百万庄大街22号 邮政编码100037）
策划编辑：韩沐言 责任编辑：韩沐言
责任校对：赵 燕 樊钟英 责任印制：张 博
北京利丰雅高长城印刷有限公司印刷

2023年10月第1版第4次印刷
130mm×184mm·5印张·2插页·115千字
标准书号：ISBN 978-7-111-65934-1
定价：49.00元

电话服务
客服电话：010-88361066
010-88379833
010-68326294

网络服务
机 工 官 网：www. cmpbook. com
机 工 官 博：weibo. com/cmp1952
金 书 网：www. golden-book. com
机工教育服务网：www. cmpedu. com

目录

地 球

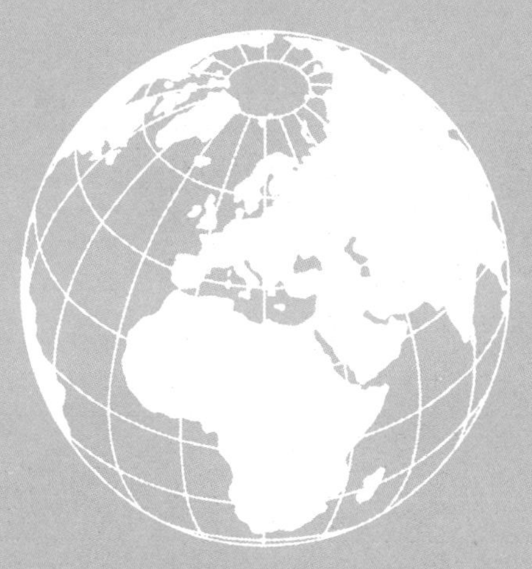

太阳系和地球的起源

银河系的起源可以追溯至遥远的 120 亿年前，它由尘埃和气体云演化而来。我们的太阳系就诞生在这个棒旋星系里。

大约 45 亿年前，太阳诞生时残余的气体、尘埃和残骸聚集成小行星大小的天体，被称为星子。它们开始绕太阳公转，

由于它们发出的光被尘埃散射，星子看起来像是永远处于黑暗之中。

由于这些星子之间相互碰撞，它们形成了更大的天体——八大行星——水星、金星、地球、火星、木星、土星、天王星和海王星，以及一些小行星。这些小行星是残骸（极有可能是胚胎行星）碰撞太快又分开的结果，其中的某些物质会成为陨石，并像雨点一样散落到地球上。

下图 行星位置和大小对比图

1— 太阳，2— 水星，3— 金星，4— 地球，5— 火星，6— 木星，7— 土星，8— 天王星，9— 海王星

行星	直径 / 千米	距太阳平均距离 / 百万千米	卫星	光环	公转周期	自转周期
水星	4879	58	0	无	0.24 年	58.65 天
金星	12104	108	0	无	0.62 年	243 天
地球	12742	150	1	无	1 年	24 小时
火星	6779	228	2	无	1.88 年	24.62 小时
木星	139822	778	79	有	11.86 年	9.84 小时
土星	116464	1429	82	有	29.46 年	10.56 小时
天王星	50724	2870	27	有	84.01 年	17.23 小时
海王星	49244	4504	14	有	164.8 年	15.97 小时

早期地球

当地球在大约 45 亿年前形成时，太阳系中仍然有很多星子，其中有很多坠落到我们的星球上。这导致地球温度升高，

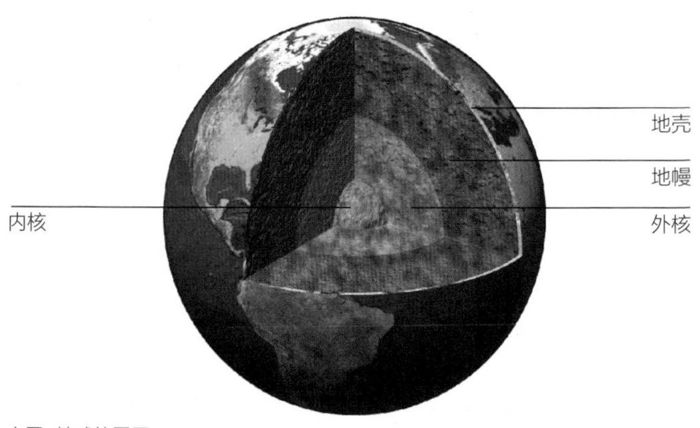

上图 地球的圈层

较重的元素，如铁和镍，下沉到地球的中心部位；而较轻的元素，比如硅，则更接近地表。地球的最外层——地壳，平均厚度为 17 千米，最厚的地方可达 70 千米。在 43 亿年前，地球的构造就已经像洋葱一样，由几个同心圈层组成，这种构造保留至今。

	厚度 / 千米	组成
内核	1200	固态铁镍合金
外核	2200	液态铁镍合金
地幔	2900	铁、硅、镁、氧等元素
地壳	17（平均厚度）	氧、硅、铝、镁等元素

大气和水

地球在形成洋葱层构造的同时，还有气体被释放出来，这个过程叫作释气，给我们提供了由水、氢气、甲烷、氨气、氮气、一氧化碳、盐酸、二氧化碳和硫黄气体组成的原始大气。

在释气的同时，紫外线使大气中的水分子分解成氧原子和氢原子，氧原子在臭氧层聚集，而氢原子则流失到宇宙中。

蓝色星球

在 41 亿 ~38 亿年前，地球处在后期重轰炸期，在这期间，地壳开始冷却并形成地球上最古老的岩石，大气中的水凝结形成最初的海洋。

太阳的寿命

太阳的诞生是由于巨大的尘埃和气体云在其自身引力作用下的坍缩。太阳内部迅速增温至 1500 万 ºC 以上，导致氢（宇宙中最简单且最丰富的元素）融合成氦，这个过程被称为核聚变。（人们相信，如果我们可以在地球上实现可控的人工核聚变，它就可以为我们提供清洁的能源。）与此同时，太阳开始发光并释放自身能量，变成主序星。据估计，太阳还将持续释放能量达 50 亿年。

最终，当所有的氢耗尽后，太阳将再一次坍缩，氦会聚变成碳。太阳外层将会冷却，并形成一个红巨星。这一过程将会吞噬包括地球在内的所有内行星。然后，太阳的外层气体会逃逸到太空中，形成行星状星云。这时，内核冷却并变暗，变成白矮星。当它完全停止发光时，太阳就变成了我们所说的黑矮星。

月球的诞生

约 45 亿年前，当其他行星正在形成时，其中一个撞上了地球，导致一团岩石碎片被撞飞并被抛到环绕地球的轨道上。这些碎片聚合形成了月球。一开始，月球的表面是熔融岩浆——我们所说的岩浆海——然后随着它冷却，剧烈的火山活动持续了约 9 亿年。然而，在过去的 3 亿年间，月球上很少有火山活动和陨石撞击。

月球和时间变化

月球对发生在地球上的自然进化具有深远的影响，它甚至影响了地球本身的自转速度。在5.4亿~4.8亿年前的寒武纪时期，一天的时长不是24小时，而是20.6小时。每过一个世纪，月球都会远离地球一些；月球离地球越远，我们受到海洋潮汐的影响也越小，地球自转就会变慢，因此一天的时间也就变长了。地球和月球之间的这种相互作用，使地球的自转速度以每世纪2毫秒的速度在减慢。

月球和潮汐

由于月球围绕地球运行，因此当它绕过地球时，它对地球的引力导致海水周期性涨落。一天中会发生两次涨潮和落潮，两次涨潮的时间间隔大概是12小时25分钟。

最大潮差：在加拿大新斯科舍省的芬迪湾，平均潮差为14.5米，最大潮差可达16米。在中潮时，大海咆哮着“月亮的声音”，涨潮时，新斯科舍省随着海水的重量发生“倾斜”。而在海洋中央，潮差则小于0.5米。

世界第二高潮汐：在英格兰和威尔士之间的布里斯托尔海峡，潮差高达15米。当涨潮来临时，一堵水墙向上游破浪而行40千米，直至格洛斯特市。

最危险的涌潮：在中国杭州的钱塘江，涌潮最高可达9米，成千上万的游客会蜂拥至岸边观赏涌潮盛景。

最强烈的涌潮：在亚马孙河上，当地人称该涌潮为波波罗卡，意思是巨吼，它可以携带涌浪冲浪俱乐部的冲浪者驰骋9.7千米远。

小知识 在半封闭的波罗的海和地中海海域是没有显著的潮汐运动的。然而，在波罗的海，海水的涨落与当时盛行的天气系统保持一致。当地人可以通过在海水边上放一根棍子来预测天气。如果海水上涨淹没棍子，预示着低气压和恶劣天气；如果海水低于棍子，则说明高压主导，将会有好天气。

地球运动

地球的表面不是静止不动的，而是处于不断运动中的。地壳被划分为几个板块，这些板块漂浮在高温地幔上。

板块	地区
北美洲板块	北美洲、北大西洋西半部、格陵兰岛
南美洲板块	南美洲、南大西洋西半部
南极洲板块	南极洲及周围洋面
亚欧板块	北大西洋东半部、欧洲、亚洲（不包括阿拉伯半岛、印度半岛）
非洲板块	南大西洋东半部、非洲、印度洋西侧
印度洋板块	印度半岛、澳大利亚、新西兰、印度洋的大部分区域
太平洋板块	太平洋的大部分区域、美国加利福尼亚州南部海岸
20个左右小板块，比如科科斯板块、阿拉伯板块、胡安·德富卡板块、菲律宾海板块等	太平洋、北美洲西部，南美洲南部

一些板块正在远离彼此，被称为扩张；而其他板块则相互碰撞，由一个板块下插到另一个板块之下，被称为俯冲。

北美洲正以每年 2 厘米的速度远离欧洲。由于大西洋中脊的海底向外扩张，冰岛正在分裂成两块。洛杉矶正以每年 5 厘米的速度沿圣安德烈亚斯断层缓慢地向北移动，所以在 1500 万年之后，这座城市将会成为旧金山的一个郊区。作为岩浆从深处地幔向上渗出的结果，新的地壳正在形成。这会导致巴西海岸的绿海龟每年不得不游得更远，这些海龟从巴西一路迁徙到坐落在洋脊上的阿森松岛。

小知识 地球的大陆板块移动和气候变化，导致恐龙、热带植物、古代鲨鱼和有袋类动物的化石可以从南极洲被发掘出来。

越长越高但越来越矮

珠穆朗玛峰正在以每年约 1 厘米的速度长高，然而它却正在变矮。由印度洋板块撞向亚洲大陆，形成的褶皱带就是喜马拉雅山脉。世界上最高的十座山中的九座都坐落在这里，包括它们之中的最高峰——珠穆朗玛峰——但它很可能正在变矮。由于全球变暖导致珠穆朗玛峰峰顶的冰雪融化，测量珠穆朗玛峰的中国科学家发现它比应有的高度矮了 1.2 米。

珠穆朗玛峰

地震

在地壳板块相撞或分离的地带，地震活动更为频繁，火山活动也是最活跃的。

1900 年以来，发生的强烈地震

日期	地点	震级（里氏）
1960 年 5 月 22 日	智利	9.5
1964 年 3 月 28 日	美国阿拉斯加威廉王子湾	9.2
2004 年 12 月 26 日	北苏门答腊岛孟加拉湾	9.15
1957 年 3 月 9 日	美国阿拉斯加安德烈亚诺夫群岛	9.1
1952 年 11 月 4 日	苏联堪察加半岛	9.0
1906 年 1 月 31 日	厄瓜多尔海岸	8.8
1965 年 2 月 4 日	美国阿拉斯加拉特群岛	8.7
1950 年 8 月 15 日	中国墨脱	8.6
1923 年 2 月 3 日	苏联堪察加半岛	8.5

史上破坏性最强的地震

日期	地点	震级	估计死亡人数
1556 年 1 月 23 日	中国陕西华县	8.0	830000 人
1976 年 7 月 28 日	中国唐山	7.8	240000 人
2004 年 12 月 26 日	印度尼西亚苏门答腊岛北部	9.15	210000 人
1138 年 8 月 9 日	叙利亚阿勒颇	未知	230000 人（存在争议）
856 年 12 月 22 日	伊朗达姆甘	未知	200000 人
1920 年 12 月 16 日	中国甘肃	8.6	230000 人
1927 年 5 月 22 日	中国西宁	7.9	200000 人

（续）

日期	地点	震级	估计死亡人数
893 年 3 月 23 日	伊朗阿尔达比勒	未知	150000 人
1923 年 9 月 1 日	日本关东	7.9	143000 人
1948 年 10 月 5 日	土库曼斯坦阿什哈巴德	7.3	110000 人
1908 年 12 月 28 日	意大利墨西拿	7.5	100000 人

世界范围内，每年会发生 50 万 ~100 万次地震和微地震，其中有 10 万次人类能感知到，有 100 次会造成破坏。在美国的所有州中，阿拉斯加州是地震发生最频繁的州，而佛罗里达州和北达科他州的地震最少。

科学家们会通过在断层线沿线上检测压力产生的位置来预测某一特定区域内何时可能会发生地震，但这些预测往往是非常不精确的——通常是几十年的时间尺度。

小知识　科学家认为，大象有能力感知到低频率的声音——远远低于人类的听觉范围，这使得它们能够“听到”或“感觉到”遥远的强烈地震的震动。

火山

在火山地区，尤其是两个大陆板块的碰撞焊接带，地震和微地震活动的增加通常是火山即将喷发的迹象。

史上最剧烈的火山喷发

日期	地点	后果
公元前 1640 年	爱琴海锡拉岛（地中海）	“失落之城——亚特兰蒂斯”
公元 79 年 8 月 24 日	意大利维苏威火山	庞贝古城和赫库兰尼姆古城毁灭
1783 年 6 月 8 日	冰岛拉基火山	27 千米长的裂隙是历史上最长的裂隙
1815 年 4 月 10 日	印尼坦博拉火山	有史以来记录到的规模最大的火山喷发
1883 年 8 月 27 日	印尼喀拉喀托火山	剧烈的火山喷发引发致命海啸
1902 年 5 月 8 日	马提尼克岛培雷火山	炽热的火山灰云吞没圣皮埃尔
1980 年 5 月 18 日	美国圣海伦斯火山	巨大的横向爆发导致山北坡大规模塌陷
1985 年 11 月 13 日	哥伦比亚内华达德鲁兹火山	炽热的火山灰云导致冰川融化，洪水和泥石流彻底淹没阿莫罗城

在 1902 年马提尼克岛培雷火山爆发时，圣皮埃尔的居民几乎全部丧生于以 160 千米 / 小时的速度蔓延的炽热的火山灰云中。

飞行警告

自 1982 年以来，至少有 7 架大型喷气飞机在飞越火山灰云后遭遇了发动机故障。幸运的是，它们最终都得以重启发动机，但是由此造成的损失依然高达数百万英镑。因此，火山学家和空中交通管制员建立了一套预警网络用来预警即将爆发的火山。

最活跃的火山

世界上最活跃的火山是位于夏威夷的基拉韦厄火山。在它的喷发历史中，持续时间最长的一次喷发从1983年1月至今一直没有停止过。每天，高达61.2万立方米的火山岩浆从在该火山东南侧被称为普呜奥奥的火山口裂缝中涌出。岩浆吞没了180个家庭、一座教堂、一个社区中心、电力和电话网络，以及考古遗迹（比如古代庙宇和岩石艺术遗址）和65平方千米的热带雨林。它还使这座岛延长了将近1.6千米。

大多数火山喷发相对而言都比较温和，岩浆只能喷射到几百米的高度。夏威夷岛上流传着一个传说，当火山女神佩

上图 环太平洋火山带“火环”地图

蓄生气发火的时候，就会导致火山爆发。

海啸

地震和火山有时候会引发波及整个海洋的巨大海啸。它们所造成的死亡和破坏有时候会比地球的最初运动更严重。

世界上破坏性最大的海啸是印度洋海啸，是由 2004 年 12 月 26 日发生的苏门答腊岛 9.15 级的海底地震引发的。海浪高耸达 30 米，并穿过印度洋。据估计，在低洼海岸地区，甚至包括在 8000 千米以外的南非，有多达 250000 人因此而丧命。

正常海浪情况下，海水做圆周式流动

海啸发生时，海水向前流动

上图 海啸波浪并不特别高，但是它们远比正常海浪危险。正常海浪虽然滚来滚去却不会泛滥，然而海啸发生时，海浪会迅速奔涌向陆地，造成巨大的洪水。

历史上发生过的海啸

时间	地点	详情
公元前 6100 年以前	挪威 Storegga 特大滑坡	已知的三次最大的山体滑坡，引发了吞没苏格兰的特大海啸
公元前 1640 年	希腊圣托里尼岛锡拉岛	150 米高的海浪袭击了克里特岛并彻底毁灭了米诺斯文明
1607 年 1 月 30 日	英国布里斯托尔海峡	整个村庄被冲走，教堂上的装饰板说明海平面相比现在上涨了 2.4 米
1700 年 1 月 26 日	加拿大温哥华岛	在日本被记录下来并在北美印第安人的口述历史中流传下来
1755 年 11 月 1 日	葡萄牙里斯本	里斯本地震的幸存者被海啸淹没了
1883 年 8 月 27 日	印尼喀拉喀托火山	很少人死于火山爆发，但是数千人被 40 米高的海浪淹死
1929 年 11 月 18 日	加拿大纽芬兰	大浅滩地震诱发了高达 7 米的海浪
1946 年 4 月 1 日	美国阿拉斯加州阿留申群岛、夏威夷州	阿留申群岛地震造成太平洋范围内的海啸
1960 年 5 月 22 日	智利中南部	地震 22 小时后，25 米高的海浪抵达蒙特港
1964 年 3 月 28 日	阿拉斯加海啸	阿拉斯加瓦尔迪兹港舒普湾记录到最大浪高达 67.1 米
1979 年 12 月 12 日	哥伦比亚、厄瓜多尔	7.9 级地震后，哥伦比亚有 6 个渔村被海啸摧毁
1993 年 7 月 12 日	日本北海道	地震 5 分钟后，海啸来袭并淹没了奥尻岛

侵蚀作用

当火山和大陆板块相撞产生造山运动时，风和冰的作用却会破坏这些山体。河流向岩石渗透下去形成大峡谷，风蚀刻纪念碑谷[㊀]的孤峰和台地……但是塑造成我们目前所看到的地貌的最大应力是冰。12000 年前，冰川和冰盖约覆盖地表面积的 30%，而目前只占 10%。那就是我们今天所说的冰河时代。

“温暖”的冰河时代

在 300 万 ~1 万年前（这段时期通常被称为冰河时代），在北半球不止有一两次的大冰河时代，而是有 30 或 40 次独立的冰河事件，这些冰河事件之间的间隔期被称为温暖的间隔期。

小冰期

在 16~19 世纪期间，世界经历了小冰期。世界各个角落都记录了它给人们的日常生活所带来的影响。

伦敦：在英国，伦敦人在结冰的泰晤士河上滑冰，并且在结冰的河流和运河上举办“霜冷集市”。

纽约：在 1780 年冬天，纽约港结冰，人们可以从曼哈顿岛步行到斯坦顿岛。

北极：在北极，冰的前缘向南延伸到非常远的地方，以至于有 6 次因纽特人将它们的皮船停靠在苏格兰的记录。

㊀ 纪念碑谷是美国科罗拉多高原上一个由砂岩形成的巨型孤峰群区域。

意大利：同种木材生长在越冷的气候下，木材材质就越致密。安东尼奥·斯特拉底瓦里制造的高品质小提琴就得益于这个事实。

法国：在 1788 年夏天，法国的严寒短暂地缓解了一下。但不幸的是，炎热的天气导致庄稼枯萎死亡，极少数幸存下来的庄稼也被冰雹所摧毁。

雪球地球

冰河时代和小冰期是最近的现象，人们认为，在 7.5 亿~5.8 亿年前的前寒武纪时期，全球的海洋几乎全部冻结成了冰。瓦兰吉尔冰期，即雪球地球，虽然不过是一个科学理论，但是它的可信性却被一些事实所支持——虽然地球上只有一部分地区被更近时期的冰河时代所覆盖，但是在世界各个角落都发现了冰碛沉积。

小知识 1954 年，在加拿大育空地区，科学家从一个自上个冰河时代就未曾受过干扰的旅鼠洞穴中发掘到了已知的最古老的活性种子——北极羽扇豆的种子。据估计，这些种子至少有 1 万岁了，它们在种植后的 48 小时内成功萌芽，甚至有一株开了一朵花。

今日冰川

海洋包含了地球上大部分的盐水，而地球上大部分的淡水都冰冻进了冰川和冰盖，相当于全世界 60 年的降水量。如

上图 南极洲罗斯海上漂浮的冰山

小知识 一座携带不规则砾石和其他碎屑的冰川每 200 年就会侵蚀掉其下部陆地 1 米厚的岩层。

果地球上所有的冰都融化，海平面将会上升约 60 米。

巨型冰川

大部分的冰川都发现于靠近北极和南极的地带，但是它们的确也存在于其他大陆上。冰川的形成需要非常特殊的气候条件，通常形成于冬天降雪量大且夏天凉快的区域——保证冬天的雪不会融化。

世界上最长的冰川：南极洲的兰伯特冰川长达 400 千米，

是世界上最长的冰川。

世界上最大的高山冰川：锡亚琴冰川位于海拔 5400 米的高度，长 78 千米，它可能是世界上海拔最高的“战场”——它处在印度和巴基斯坦的争议领土克什米尔境内。锡亚琴是“玫瑰之地”的意思，得名于它下面的山谷里遍地开放的野花。

欧洲最大的冰川：位于瑞士的阿莱奇冰川不只是阿尔卑斯地区最大的冰川，也是欧洲大陆上最大的冰川。它有 24 千米长、1.6 千米宽，覆盖面积达 170 平方千米。它的源头在海拔 4158 米的伯尔尼阿尔卑斯山脉的少女峰，它每年移动 150~200 米。

北美洲最长的冰川：位于阿拉斯加的白令冰川长 190 千米，总面积约 5000 平方千米，崩解的冰山会掉进维他斯湖中。

世界上移动最快的冰川：在 1953 年，巴基斯坦的库蒂亚冰川以每天 112 米的速度向前移动。

岩石

地球上最古老的岩石

迄今为止在地球上发现的最古老的陆源矿物是在西澳大利亚杰克希尔地区发现的锆石晶体。它们有 44 亿年的历史了，即月球形成后不久（从地质学的尺度来看）。

已知的地球上最古老的岩石是在加拿大西北部大奴湖附近发现的具有 40.3 亿年历史的阿卡斯塔片麻岩和位于格陵兰岛西部的具有 37 亿 ~38 亿年历史的伊苏阿上地壳岩石。明尼苏达河谷和密歇根州北部（美国）以及斯威士兰和西澳大利亚也有超过 35 亿年历史的古老岩石。这些岩石并非来自原始地壳，而是产生自岩浆海或者是浅水区的沉积物。这证明我们地球的历史在它们形成前就已经开始了。

地外岩石

地球上发现的最古老的物质藏在 50 年前降落在地球上的一颗陨石中。陨石形成于大约 46 亿年前太阳系诞生之初，然后大量降落到地球上。它们中的大部分在大气中化为了灰烬，只有少量撞击到地球的表面。

陨石

类型	成分
石陨石	90% 的陨石是石头，主要成分是硅酸盐

（续）

类型	成分
铁陨石	主要成分是铁 – 镍合金
石 – 铁陨石	主要成分是铁和硅酸盐混合物

陨石坑分布	直径	碰撞时间
南非弗里德堡	250~300 千米	20.2 亿年前
加拿大萨德伯里	200 千米	18.5 亿年前
墨西哥湾希克苏鲁伯	180 千米	6500 万年前

上图 霍巴陨石，世界上最重的陨石，据估计有 1.9 亿 ~4.1 亿年的历史。

流星和火球

当陨石在地表上空 97 千米的时候，就可以被我们观察到了。它们以 30~60 倍声速的速度进入大气层，并且在穿越大气层时发出光芒。一般的陨石只有几克重，即众所周知的流星。那些发出耀眼光芒的，重达 1.4 千克的陨石常被称为火球。

来自太空的巨大岩石

世界上最重的陨石——霍巴陨石，目前仍然嵌在纳米比亚格罗特方丹的土地中。据估计，它重达 61 吨。在美国自然历史博物馆可以看到地球上体积最大的陨石——阿尼希托陨石——发现于格陵兰岛，它是约克角陨石的一部分，据估计约克角陨石重达 203 吨，它在进入大气层时解体了。

陨石观测

观测陨石的最佳时间是 8 月份，在英仙座流星雨活跃时，每小时大概有 60 块陨石降落到地球。

陆源岩石

所有的陆源岩石都可以划分为以下三大类岩石——火成岩、沉积岩和变质岩。

火成岩

火成岩来源于地球的熔融岩浆并通过火山爆发喷出（喷出岩）或侵入其他岩石（侵入岩）。火成岩可以是深成岩或火山岩。深成岩形成于地壳深部，由岩浆慢慢冷却结晶成全晶质粗粒岩石。最常见的深成岩是花岗岩。由于岩浆被挤压到地表，火山岩的形成过程更为迅速。火山岩具有较小的晶体，甚至像玻璃一样。最常见的火山岩是玄武岩。

火成岩种类

岩石	描述
流纹岩	细粒、长英质
花岗岩	粗粒、长英质
黑曜岩	玻璃质、长英质
浮石	多孔、长英质
安山岩	细粒、中性
英安岩	中粒、中性
闪长岩	粗粒、中性
玄武岩	细粒、镁铁质
辉绿岩	中粒、镁铁质
辉长岩	粗粒、镁铁质
火山渣	多孔、镁铁质
橄榄岩	粗粒、超镁铁质

注：长英质——富含较轻物质元素的硅酸盐矿物和岩石，如硅石。
中性——所含元素较平均的岩石。
镁铁质——重的物质元素占比较大的硅酸盐矿物和岩石。
超镁铁质——二氧化硅含量非常低的火成岩。

沉积岩

这类岩石有多种不同的来源：一些由被侵蚀的火成岩形成；另一些来自碎屑颗粒，如沉入海底的海洋动物的骨骼，或被风吹来的沙子。

沉积岩种类

岩石	描述
砾岩	粗糙、圆形颗粒
角砾岩	粗糙、棱角颗粒
砂岩 - 硬砂岩	具砂纸纹理的深色颗粒
砂岩 - 长石砂岩	红色，砂纸纹理
石英砂岩	白色和棕色，砂纸纹理
粉砂岩	砂质细粒
黏土岩 - 泥岩	黏土大小颗粒，光滑
黏土岩 - 页岩	黏土大小颗粒，光滑疏松
石灰岩	固结碳酸钙（主要组成为方解石）
结晶灰岩	主要由方解石晶粒组成
化石石灰岩	固结化石
鲕状石灰岩	主要组成为鲕粒
白垩岩	主要成分为碳酸钙，多为红藻类化石化成
白云岩	主要由白云石组成的沉积碳酸盐岩
石灰华	带状方解石
贝壳灰岩	由完整的生动贝壳被泥晶方解石固结而成
燧石	多为灰色和黑色，非常坚硬
泥炭	褐色、柔软、松软的植物残骸
褐煤	棕黑色，介于泥炭和沥青煤之间
沥青	黑色液态混合物
岩盐	氯化钠盐蒸发物
石膏岩	黑灰色，主要成分为石膏

变质岩

任何岩石，如果它的周围环境发生改变，在地球内部深处由于受热和/或压力的作用而发生变化都可以变成变质岩。在这些变质岩中，有些是块状的（大理石和石英岩），有些是带状的（片麻岩），还有些是层状的（板岩）。

变质岩主要种类

岩石	描述
板岩	细粒，致密的层状黏土矿物，不含页岩
千枚岩	细粒，致密，层状，有丝绢光泽，不含页岩
片岩	含不同种类，以主矿物命名；比如石英片岩、云母片岩、角闪石片岩等，不含千枚岩
片麻岩	条带状浅色和暗色矿物相间，不含片岩
大理岩	相对较软，中粗粒方解石和白云石，不含石灰岩
石英岩	坚硬，中粗粒石英，不含砂岩
斜长角闪岩	绿黑色，棱柱状晶体
混合岩	混合岩化作用形成
角页岩	致密，深色黏土矿物
无烟煤	黑色高光泽，不含植物物质

小知识 世界上一些最壮观的景观是由石灰岩雕刻而成，形成喀斯特地貌。石灰岩形成于浅海环境，可以被推到高处从而形成最高的山。水和冰侵蚀岩石，形成具有陡峭斜坡的山谷。河流消失在地下，侵蚀出迷宫般的洞穴。在地下河流顶部坍塌的地方，可以形成峡谷。

小知识 埃及吉萨金字塔由超过 230 万块巨石搭建而成。人们曾一度认为它们是由天然石灰岩雕刻而成的，但是最近法国的研究揭露，它们是用混凝土块建造的，由现场浇筑的成块的石灰岩制成，而不是在采石场切割后运来的。

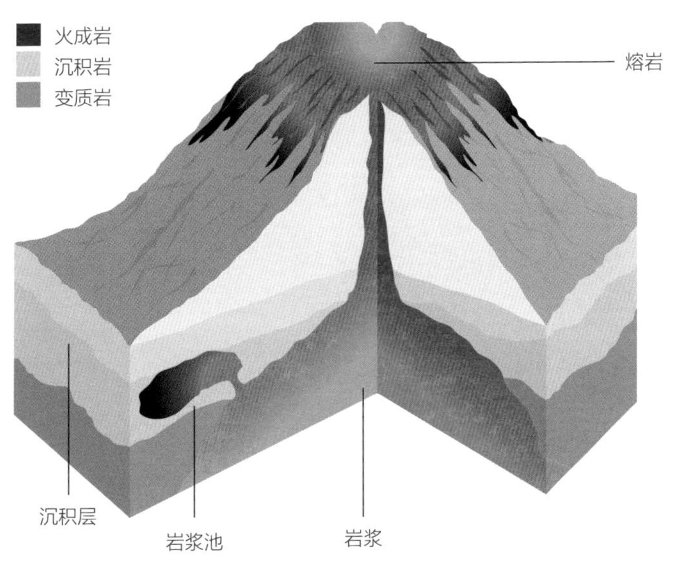

上图 三种不同类型的岩石的形成图解

建筑石材

在世界上所有的岩石中，花岗岩、石灰岩和大理石是最常被用作建筑石材的。希腊的帕特农神庙是由位于阿提卡的彭忒利科斯山大理石建造成的，比萨斜塔是用石灰岩构建的，而华盛顿的阿灵顿纪念大桥取材于花岗岩。

洞穴

随着洞穴学者推进到地下越来越深的部位，世界最深和世界最长洞穴的头衔经常发生变化。目前，格鲁吉亚的库鲁伯亚拉洞穴，被认为是世界上最深的洞穴。在 2004 年探险家探查时发现，它已经深达 2197 米了。位于美国肯塔基州的猛犸象洞穴被认为是最长的洞穴系统，已探出的长度达 600 千米。

小知识 洞穴学是对洞穴和其他喀斯特地貌特征进行的科学研究，研究内容包括洞穴的组成、结构、物理性质、历史、生命形式及其形成过程。

石笋和钟乳石

石笋向上生长，而钟乳石向下生长，两者都是由从洞穴顶部持续稳定滴下的富含碳酸钙的水形成的。很多洞穴都在争夺世界最大石笋的称号。

黑暗中的生命

洞穴动物是真正的穴居居住者，它们从出生到死亡都生活在地下，其中包括无眼洞虾、小龙虾和鱼。半洞穴动物是洞穴爱好者，在洞穴内部和其周围都有发现。半洞穴动物包括洞穴蜘蛛、蟋蟀和蜈蚣。寄居性洞穴动物是洞穴里的客人，它们会在洞穴里待上一段时间，但需要在洞穴外觅食，正如蝙蝠和油鸱那样。

上图 中国黄龙洞洞穴中的石笋和其他的岩层，这是亚洲最大的洞穴。

变质带

当岩石由于受到火成岩入侵或熔岩流的热量作用发生改变时，它们就会变成接触变质岩，而大型火成岩周围的区域，比如英格兰西南部的达特穆尔和博德明荒原，被称为变质带。探险家在这里发现了很多宝贵的矿物，如锡、铜、铅、锰、镭、铀、镍、钴、砷、铋和银等，从而产生了从罗马时代一直到 19 世纪末的大规模采矿活动。

钻石恒久远是真的

许多宝石都形成于地球内部深处。比如钻石，它是上地幔高压和高温作用的产物，而上地幔深度在 60~250 千米范围内。如果富含气体的岩浆向上快速喷涌时经过含有钻石的岩石，并在地表喷发，它就会携带钻石和其他矿物一起喷出。岩浆冷却形成胡萝卜形状的管道，称为金伯利岩管道（在南非金伯利发现第一个管道之后就以此命名），由于管道的表层部位被侵蚀，钻石就露出来了。钻石比携带它们上至地表的已经冷却的岩浆要古老得多——存在超过 9500 万年，有些甚至可能和最古老的大陆一样久远，这使钻石成为地球上最古老的晶体之一。钻石由碳元素构成，是唯一由单一元素组成的宝石。

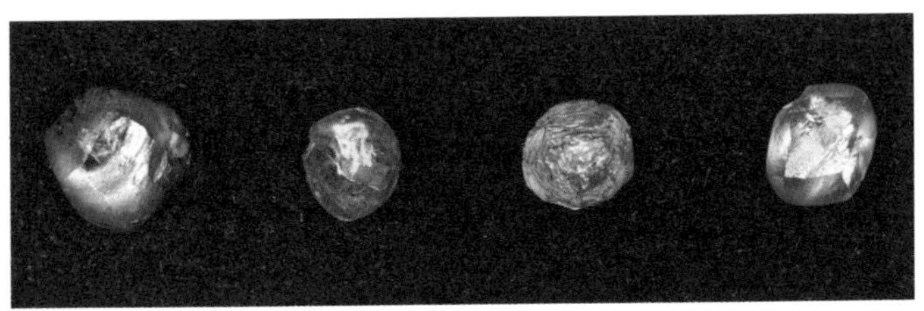

上图 钻石晶体，来自美国阿肯色州钻石坑州立公园，这个公园是世界上第八大含钻石矿床。

大型宝石

地球上最大的钻石是 530 克拉的非洲之星，镶嵌在英国国王的权杖上，收藏于伦敦塔内。它是由有史以来最大的钻石——一颗 3100 克拉的钻石切割而成。

上图 非洲之星钻石

天际中的钻石

整个宇宙中最大的钻石是一颗由纯碳组成的白矮星（恒星生命演化的末期形态）。它在 2010 年由美国天文学家发现，距离地球 50 光年，位于半人马座。这颗“钻石”的编码是 BPM37093，但是天文学家根据甲壳虫乐队的歌曲《露西在缀满钻石的天空中》将它称为露西，它直径达 4023 千米，估计重达 1×10^{34} 克拉。

矿物提炼

从地壳中开采矿物的方式有露天开采、竖井开采、采石和石油天然气钻探。此外，还有一些特殊技术，比如弗拉施法提取硫。在这个方法中，过热蒸汽通过管道输送到地下的硫矿床中，然后压缩空气并将其抽到地表。

最深的矿井

世界上最深的矿井是位于南非的兰德金矿。其中，东兰德金矿深达 3585 米；而西部深层金矿目前正在挖掘中，已经深达 4000 米，预计将被挖掘至 5000 米深。世界上迄今为止所有金矿开采量的 40% 均来自南非的矿井。

淘金热

加利福尼亚淘金热始于 1848 年 1 月 4 日，当时詹姆斯·马歇尔在巡视锯木水车泄水道时，偶然发现一块豌豆大小的黄金。从那时起，超过 1.06 亿金衡盎司（贵金属的传统重量单位，约合 325 万千克）的黄金被发掘。然而人们认为，在当地仍然有 80% 的金矿脉（分布于马里波萨县、图奥勒米县、卡拉维拉斯县，阿马多尔县和埃尔多拉多县）仍未被开采。

小知识 萨姆 · 布兰纳，一位成功的商人，是在加州淘金热中第一个成为百万富翁的人。他意识到了淘金热对镐、锅和铁锹的迫切需要，于是开始进行销售，赚得盆满钵满，一度成为加州首富。

世界上最大的洞穴

世界上最大的人工洞穴之一位于南非的金伯利。在它全盛时期，曾经有 3 万名工人在那里工作，筛出了 2800 万吨“蓝地”（风化带以下的金伯利岩），挖掘出 1450 万克拉钻石，其中就包括 530 克拉的非洲之星。最初，这个洞穴有 240 米深，但自废弃以后，它被用作垃圾倾倒场。这个地下金伯利矿井的开采深度最终达 1097 米，直径超过 457 米。

世界上最大的铜矿是美国犹他州宾汉峡谷铜矿。它迄今为止的铜产量比历史上任何一座矿山都多。它的最大深度达 1200 米，宽 4 千米。搭乘航天飞机的宇航员可以从地球轨道上清楚地看到这个矿坑。

石油

石油是由数百万年前死亡的海洋生物和植物残骸形成的，它们被后来的连续沉积层压扁，又由于受到来自地壳热量的

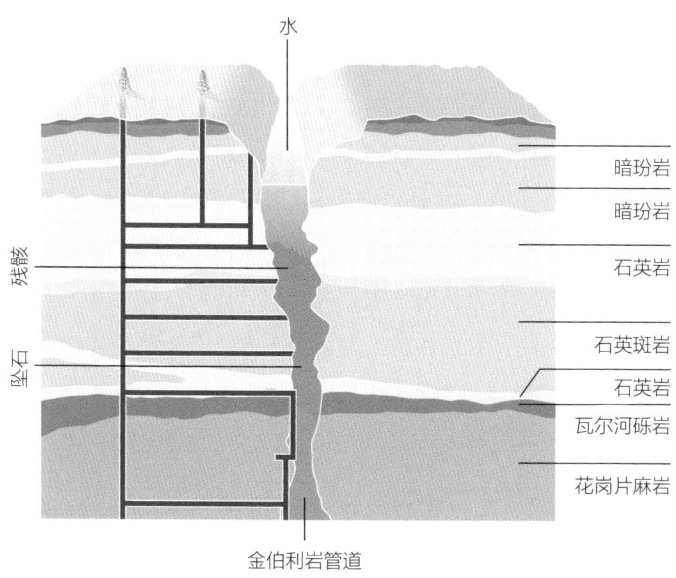

上图 金伯利岩管道剖面图

烘烤，最终形成了可以为我们的交通工具提供动力，为我们的家庭供暖，为我们的庄稼提供养料的液态物质。

世界上产量较大的几座油田

油田	国家	桶㊀ / 日
加瓦尔	沙特阿拉伯	450 万
坎塔雷尔	墨西哥	200 万
布尔甘	科威特	170 万
大庆	中国	100 万

㊀ 原油计量单位，1 桶 =0.137 吨。原油密度不同，重量也会略有差异。

土壤：细磨的一团淤泥

土壤是经过简单碾碎的岩石，再加上植物和动物的遗骸形成的。根据砂粒、粉砂粒、黏土和有机质的多少来分类。对于不同行业的人而言，土壤意味着不同的东西。工程师认为土壤是一种不方便的物质，在建筑项目中可能必须被移除并替换。地质学家认为土壤是风化层，他们往往对其之下的物质更感兴趣。农民和园丁则认为土壤的表土层是耕翻深度的土，而底土层是对植物生长起重要作用的水和养分的储藏池。

小知识 含水区域被称为水圈，大气和气候区域是大气圈，陆地是岩石圈，生物居住的范围是生物圈，土壤被称为土壤圈。

滑坡和泥石流

我们理所当然地认为土壤就在那里，直到某一刻它突然不在了或表现异常了。有时候，土地最上层的土壤会变得不稳定并开始移动。

当岩石、土壤和其他残渣沿坡面向下移动，并在 5 秒钟内移动距离超过 23 米时，斜坡的自然稳定性会遭到破坏，就会发生滑坡。

泥石流是快速移动的滑坡，往往在沟谷中流动，最常见的速度是 32 千米 / 小时，但是也有以 160 千米 / 小时的速度流动的。它们由其他自然灾害触发，通常从陡坡开始。

泥石流的触发因素可能是干旱、地震和火山爆发之后的暴雨。那些最初有森林覆盖而后被砍伐的地区，在暴雨前后极易发生山体滑坡和泥石流。在美国，山体滑坡和泥石流每年会造成 25~50 人死亡。

沙尘暴

土壤不仅会被冲刷掉，还可以在跨大洋和跨大陆的线路上被风大量吹起，带到非常遥远的地方。土壤颗粒非常小，直径通常小于 0.002 毫米，它们可以在大气中停留数天，甚至能被吹到 3050 米的高空。

2001 年 5 月，太空中的卫星拍摄到了一个 2000 千米长的尘埃云，它起源于中国和蒙古国之间的戈壁沙漠。这个异常巨大的尘埃云横跨太平洋，穿越阿拉斯加州到佛罗里达州向欧洲行进。它是近年来记录到的最大的尘埃云。

当沙漠填满大海

美国科学家发现了佛罗里达州海岸的赤潮与撒哈拉沙漠的沙尘暴之间的联系。干燥的撒哈拉表层土壤从西非海岸被吹起，飘扬横跨大西洋，5~7 天后沉降在墨西哥湾水域。这些土壤只含有铁元素，当西佛罗里达州海域的铁含量升高时，海洋中类似植物的细菌就会转化利用增加的氮，以便被其他海洋生物所利用。剧毒的红藻就是这些海洋生物之一，它是臭名昭著的赤潮的元凶。当红藻迅速繁殖时，所导致的“繁盛”

可能是毁灭性的。红藻能杀死鱼类，但不能杀死贝类。贝类能幸存下来，并储存藻类的毒素。食用受污染贝类的人会因此感染疾病，甚至可能死亡。

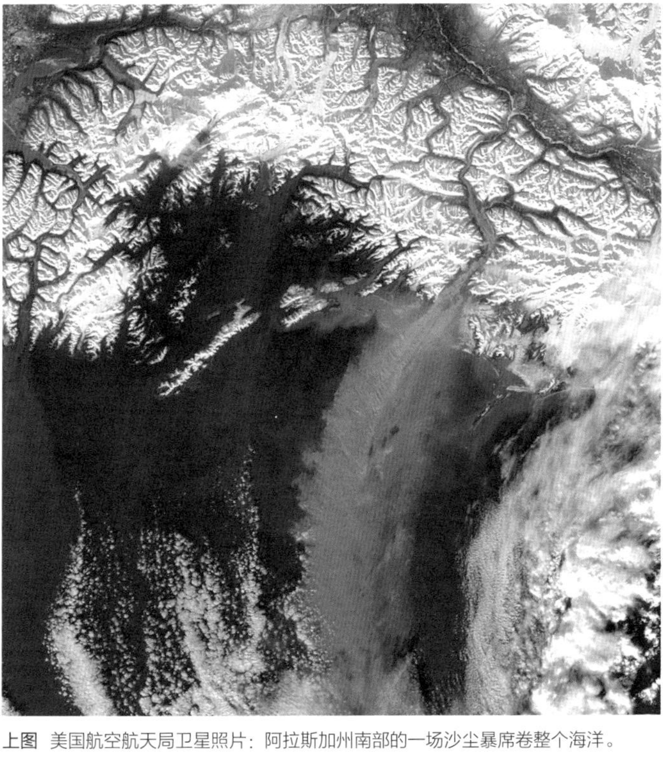

上图 美国航空航天局卫星照片：阿拉斯加州南部的一场沙尘暴席卷整个海洋。

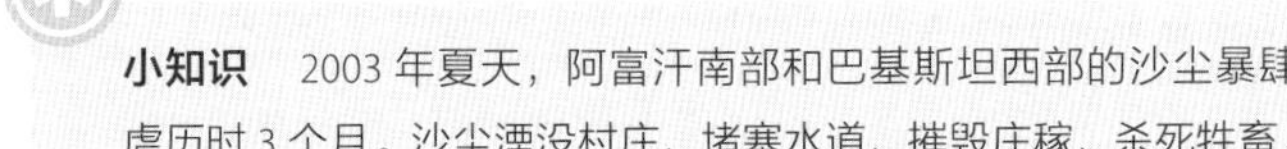

小知识 2003 年夏天，阿富汗南部和巴基斯坦西部的沙尘暴肆虐历时 3 个月。沙尘湮没村庄、堵塞水道、摧毁庄稼、杀死牲畜。

古生物的证据

化石是生活在过去的动植物的遗迹被沉积物掩埋化成石头，现在被嵌入到岩石中。最常见的化石来自生物的坚硬部分，比如骨头、贝壳、脊椎、茎和树干等，但在一些特殊情况下，它们也可能包裹柔软的部位，如水母的触须。化石也被用来作为生物活动的证据。

化石年历

在18世纪末到19世纪初，英国地质学家、工程师威廉·史密斯以及法国古生物学家乔治·居维叶和亚历山大·布隆尼

上图 高齿羊的头骨和颌骨化石。从始新世直到中新世时期，这些岳齿兽科动物曾经在北美地区广泛分布。

亚尔发现，英吉利海峡两岸同一时期的岩石都含有相同的化石。正是这一发现为我们提供了一个简单的地质时钟，借助它，我们可以计算出岩石的年龄。

灭绝事件	代	纪	世	百万年前（大约）
				590~4600
	古生代	寒武纪		505~590
		奥陶纪		438~505
奥陶纪 - 志留纪大灭绝——60%~70% 的物种消失		志留纪		408~438
		泥盆纪		360 ~408
泥盆纪晚期大灭绝——70% 的物种消失		石炭纪		286 ~360
		二叠纪		248~286
二叠纪 - 三叠纪大灭绝——96% 的海洋生物和 70% 的陆生生物消失	中生代	三叠纪		213 ~248
三叠纪晚期大灭绝——70%~75% 的物种消失		侏罗纪		144 ~213
		白垩纪		65 ~144
白垩纪 - 第三纪大灭绝——75% 的物种消失	新生代	第三纪	古新世	55~65
			始新世	38~55
			渐新世	25~38
			中新世	5~25
			上新世	2~5
		第四纪	更新世	10000 年 ~2
			全新世	10000 年前至今

地质年表

地质年表被划分成5代，12纪，其中一些纪又细分成世和期。这些日期在地质学家中存在很大争议。宙分为隐生宙

动物事件	地球事件
原始的生命形式	原始海洋和陆地是荒凉且无生机的，随后首先出现细菌和藻类，然后水母主宰海洋
寒武纪大爆发：地球上门类众多的动物突然崛起，进化出眼睛和双侧对称结构	由生物体坚硬部分形成的化石可以用来测定年代
第一批脊椎动物和三叶虫出现	强烈的火山活动和造山运动，气候温和，内陆海存在的晚期
第一批有颌鱼类和第一批昆虫	动物只生活在海里，植物开始入侵陆地
鱼类的时代	盐水和微咸水覆盖了大部分陆地，蕨类植物在晚期出现，第一批两栖动物登场
巨虫的时代	植物世界大繁盛——煤的来源，温暖的淡水潟湖，火山活动；冰川消失
地球上大部分生命都在二叠纪晚期消失了	造山运动和火山活动广泛分布，三叶虫灭绝
恐龙首次出现，同时还出现了乌龟	海平面上升，陆地火山频发，软体动物和棘皮动物在海里繁衍生息
恐龙时代	造山运动，淡水无脊椎动物和昆虫迅速发展
最大的恐龙出现	恐龙统治陆地，少数哺乳动物和有花植物兴起，白垩纪晚期海平面上升
有蹄类动物出现	浅内陆海整体变干
原始的现代哺乳动物出现	全球整体变暖，遍布热带植被
动物向大型化趋势发展	温度趋于平稳，海平面下降，海洋持续变冷
动植物现代化	喜马拉雅山脉隆起
类人动物出现	气温和海平面下降
原始人出现	冰河时代
智人出现	目前的气候（人为变暖）

和显生宙，隐生宙又被细分为冥古宙、太古宙和元古宙。显生宙，从距今 5.43 亿年前延续至今。

化石藏品

在加利福尼亚州洛杉矶的拉布瑞亚焦油坑，原油可以从地壳的裂缝中渗出，轻质油则不断蒸发，重且黏稠的焦油或沥青则保留在坑中。参观焦油坑的游客发现里面有骨头，它们曾一度被认为来自绊倒在焦油坑里的牛的遗体。直到 1901 年，科学家们调查了这些油坑，发现它们实际上是骨化石，包括猛犸象、乳齿象、剑齿猫、骆驼、马、狼、秃鹫和秃鹰，以及软体动物和昆虫的骨骼。所有这些骨化石都有 8000~4 万年的历史。

世界上古老的化石

鲨鱼化石：在加拿大新不伦瑞克被挖掘出来，它可以追溯至 4.09 亿年前。这只鲨鱼的牙床上有两排锋利的牙齿，身形并不比湖红点鲑大。

昆虫化石：弹尾虫化石在伦敦自然历史博物馆默默无闻地待了 60 年之后，其重要意义才被人们认识到。人们认为弹尾虫有翅膀，这意味着昆虫的飞行能力可能在 4 亿多年前已经进化而来——比我们之前一直认为的时间要早 8000 万年。

兔子化石：它们很可能在 6500 万年前就已经完成进化

了，也就是在恐龙消失后不久。世界上最完整的兔子化石距今 5500 万年，在 2005 年 2 月发现于蒙古戈壁。

爬行动物巢穴：发现于美国亚利桑那州的石化森林。这些巢穴是由生活在大约 2.2 亿年前，外形像鳄鱼一样的远古植龙建造的，这使它们成为已知的世界上最古老的爬行动物巢穴。

有花植物化石：于 1998 年在中国辽西地区附近被发现。虽然该化石没有花瓣，但有心皮和可以结出种子的叶状豆荚。据悉，它有 1.48 亿年的历史。

生 命

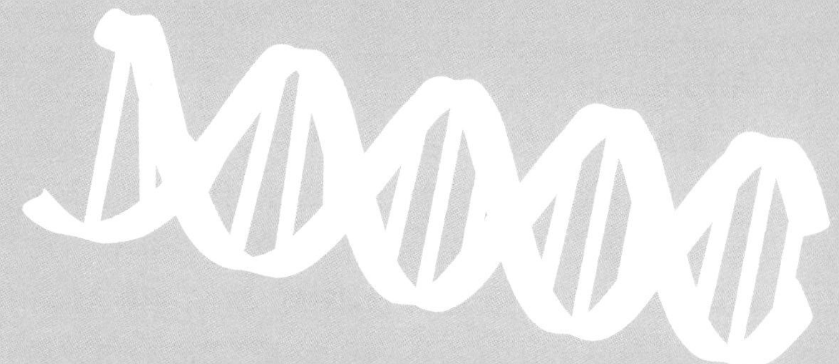

生命基石

生命的基石无处不在。含氮的有机化合物被称为含氮多环芳烃（PANHs），对包括 DNA 在内的生命化学至关重要。2005 年发表的研究揭示，PANHs 在已知宇宙的每个角落和缝隙中都很常见。叶绿素就是一个例子，这是赋予植物进行光合作用能力的物质——将水和二氧化碳转化为糖。

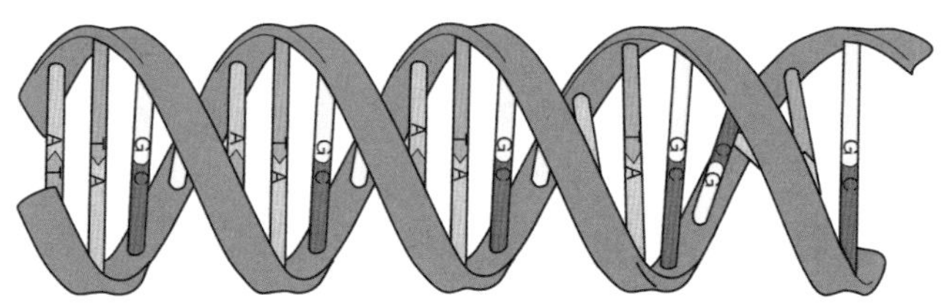

上图 DNA 分子，显示了由糖和磷酸盐分子配对组成的链。

地球生命起源

地球诞生于大约 46 亿年前，2 亿年后，它有了坚实的地壳和水。最古老的岩石有 40 亿年的历史，而最古老的化石有 35 亿年的历史。这意味着有 4 亿年的地质记录是空白的。地球上的生命有可能正是开始于这段时间。然而，地球已经适宜居住长达 44 亿年了，而且人们在 38 亿年前的岩石中发现了碳同位素，表明固碳作用甚至是光合作用可能在当时已经发生了。这说明生命可能开始于更早之前。

原始海洋

目前存在多种解释生命起源的理论。其中之一认为，生命的基石是在原始海洋中形成的。在 1953 年的一次实验中，斯坦利·米勒和哈罗德·尤列将所有被认为存在于原始地球上的气体装进一个广口瓶中，并释放电火花模拟闪电；实验过程中形成的液体包括复杂的有机分子，如氨基酸（蛋白质的基石），但米勒和尤列未能成功完成下一个关键步骤来形成生命基础——系统复制能力。另一种理论认为，生命起源于海洋底部，在那里有超热水和矿物质从海底裂缝中渗出。这些裂缝被称为热液喷口。

最初的生命

已知最古老的化石之一是存在于西澳大利亚 35 亿年前的太古代岩石中的蓝细菌。当碳酸钙在生长的细菌细丝上沉淀时，有些可以产生叠层石——一层又一层地形成，结果就是一个小的圆柱形方解石堆。现在，这个过程仍然在发生，并且可以在西澳大利亚的鲨鱼湾观察到，在那里细菌沿着海滩形成了叠层石“草皮”。

失败的实验

多细胞无脊椎动物首次出现在大约 6.5 亿年前，被称为埃迪卡拉生物群，根据它们被发现的地点——澳大利亚南部的埃迪卡拉山命名。它们包括水母、珊瑚、蠕虫、棘皮动物和三叶虫。自 1946 年首次被发现以来，其他地方，比如加拿大和纳米比亚，也发现了埃迪卡拉生物化石。然而，岩石中的许多生物似乎并没有撑过寒武纪，它们最终灭绝了，这是自然界一次失败的实验。

生命大爆发

所有生活在今天的主要动物群（除了很少一些来自前寒武纪的蠕虫和海绵以及奥陶纪出现的苔藓虫）都是在很短的时间内崛起的——短至 4000 万年，处于寒武纪时期，也就是寒武纪大爆发期间。那是一个快速进化的时期。

伯吉斯页岩

许多寒武纪时期的动物都以化石的形式在伯吉斯页岩化石群中被发现，这些页岩是具有 5.4 亿年历史的古老岩石的岩床，位于加拿大不列颠哥伦比亚省落基山脉。它们包括蠕虫、海百合、腕足类和海参，但主要的种群还是节肢动物。

伯吉斯页岩动物

种类	长度	描述
微瓦霞虫	2.5 厘米	爬行、覆盖鳞片的、多刺的底栖动物
怪诞虫	2.5 厘米	有刺状脚爪、蠕虫样的动物
埃谢栉蚕	2~2.5 厘米	像毛毛虫一样的多刺动物
马尔拉虫	1 厘米	躯体柔软的节肢动物

（续）

种类	长度	描述
拟油栉虫	6.8 厘米	三叶虫的一种
吐卓虫	2.5 厘米	甲壳类动物，类似现代的丰年虾
皮卡虫	4 厘米	已知最古老的脊索动物而且可能是包括人类在内的所有脊椎动物的祖先
奇虾	60~200 厘米	已知最大的寒武纪动物、躯体柔软、游动自如，有捕猎物用的爪子，圆形下颌，曾被认为是水母

眼睛的进化

大约在寒武纪大爆发时期，人们认为此时到达地表的光比此前和此后任何时候都要多。这可能是触发眼睛这一器官出现的导火索。随着眼睛出现了双边对称以及“前后”的概念，动物开始互相追逐。当动物装备上这一武器后，标志着“军备进化竞赛”的开始。捕食者和猎物都在突飞猛进地进化。

第一批陆生植物

植物入侵陆地的最初迹象，是在阿曼的钻孔中发现的与地钱植物相关的植物孢子。它们可以追溯至4.75亿年前。当时，除了成片的藻类外，陆地大体上是贫瘠的，而这些藻类主要分布在经常发生洪水的河流河口。这些入侵植物很小，到目前为止，只发现了它们的孢子。它们或它们的亲缘，不可能

上图 座延羊齿化石，这种种子植物生存于石炭纪晚期和二叠纪早期。

有真正意义上的根，但可能与真菌有关联，以帮助吸收营养和水分。

识别植物

最早的可识别的陆生植物化石是发现于爱尔兰，在距今4.25亿年前的中志留世岩石中。这种植物名叫库克逊蕨，它没有叶子、花朵或种子，仅仅由几厘米高的分叉茎组成，在分枝顶端有椭圆形孢子囊。该化石表明，主要的植物种类在温暖潮湿的环境下生存了数百万年。

小知识 尽管迄今为止已发现的最早的陆地化石有约 4.72 亿年的历史，但人们认为直到 1.3 亿年前真菌才出现。真菌使地球大气中的氧气增加，二氧化碳减少，为动物进化开辟了道路。

为增加面积而生的刺

在4.08亿年前开始的泥盆纪早期，一种古老的植物，曲柄沙顿蕨，开始生长。它没有叶子，但是有刺。这些刺不是起防御作用的，因为两栖动物直到泥盆纪晚期才出现在陆地上。事实上，这些刺能够增大植物的表面积以进行气体交换，它们可能是叶子的前身。

莱尼埃燧石层

莱尼埃燧石层在阿伯丁郡附近被人们发现。在它形成时，苏格兰更像是今天的黄石公园的一部分——布满了火山、间歇泉和泥泉。莱尼埃燧石层中包含一些保存极为完好的化石，如植物、动物和各类节肢动物的化石，古生物学家甚至可以从化石中看到植物的细胞结构。几种早期陆地植物也出现在里面。莱尼蕨是最接近促使现代植物兴起的原始陆生植物中的一种，它生活在 4 亿年前的泥盆纪早期。岩石中也发现了真菌菌丝，这说明植物残骸被真菌分解了。还有原始的螨类和弹尾类，它们都是非常早期的陆生动物。

最早的陆生动物

已知最早的陆生动物化石是在苏格兰地区的斯通黑文发现的。这是一只约 1 厘米长的千足虫，发现于距今 4.28 亿年前的粉砂岩中。

最早的陆生脊椎动物

最早的陆生脊椎动物出现于泥盆纪晚期的水中。它们是四足动物，是鱼类和两栖动物的过渡态。已发现的最早的化石之一是距今 3.7 亿年的岩石里的颌骨化石，发现于拉脱维亚和爱沙尼亚交界处。和它亲缘关系最近的是腔棘鱼 。

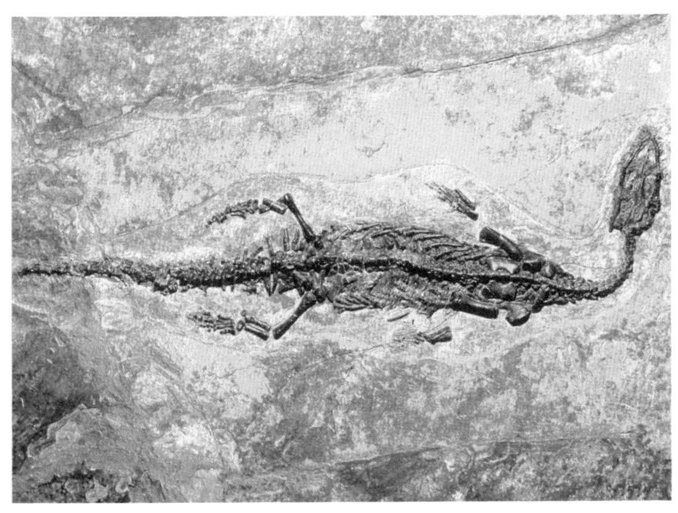

上图 三叠纪的沧龙化石

扭动而不是行走

最早的四足动物之一是鱼石螈，一种在格陵兰岛发现的1米长的生物。然而，它的步态却出人意料。它走路姿势不像大冠蝾螈，而是像尺蠖毛虫。对它脊柱的研究表明，它没有侧向运动，但有有限的上下运动。这可能是大自然的另一个失败的实验，因为现代陆生脊椎动物被认为是由可以左右移动脊椎的动物进化而来的。

间断平衡论

进化似乎是在不规则地进行着，大灭绝事件之后伴随有紧锣密鼓的进化时期，然后又被长时间的稳定所打断。在这些稳定的时期，动物的进化则趋向于巨型化。

海洋巨兽

一些异常巨大的生物是从过去的海洋中进化而来的。在它们生活的时期，它们可能是海洋的顶级捕食者。它们不受任何干扰地生存了下来。

节肢动物：广翅鲎长约3米，这使它们成为进化史上最大的节肢动物。它们出现在奥陶纪，消失于二叠纪。它们生活在浅的咸水里，但是也可以在陆地进行短距离的爬行。

头足纲：它们与现代珍珠鹦鹉螺相似，但是有一个直形外壳，这个直壳可以长到巨大的尺寸。内角石可以长到3.5米长，而房角石则可以称得上是一个长达 11 米的怪物。它们生活在 4.7 亿年前的奥陶纪时期。

硬骨鱼：大约 1.55 亿年前，在侏罗纪时期，利兹鱼类游弋于海洋中。利兹鱼得名于其化石发现地——彼得伯勒，根据已经发现的化石，科学家发现它最多可长到 27 米，是迄今为止发现的最大的鱼，也是最大的硬骨鱼类。硬骨鱼是一种滤食性鱼类，就像须鲸和姥鲨一样。

鲨鱼：有史以来最大、最可怕的鲨鱼是巨齿鲨。它们在大约 1000 万年前的中新世处于顶峰，类似于现代的巨型大白鲨。据说，最大的巨齿鲨有 20 米长，它的每一个三角形锯齿状牙齿都有约 15 厘米长，巨齿鲨的嘴约有 3 米宽。它们以鲸鱼和海豚为食。

陆地上的庞然大物

由于缺乏来自水的浮力，陆生动物不得不对抗重力作用。尽管如此，它们仍然长到了巨大的体型。

昆虫：翼展 76 厘米的原始蜻蜓状昆虫二叠拟巨脉蜓是同类中体型最大的，它可以控制自身体温，这使它成为第一类飞行的恒温动物——石炭纪和二叠纪的顶级捕食者。

恐龙：据称最大的恐龙包括在阿根廷发现的 1.05 亿年前的蜥脚类恐龙（长颈雷龙型恐龙），估计有 50 米长，以及来自科罗拉多州，有 45 米长的超龙。它们生活在侏罗纪或白垩纪，即恐龙时代。

翼龙：翼展为 12 米，诺氏风神翼龙是迄今为止能翱翔于天空的最大生物。它在白垩纪晚期达到鼎盛时期。

鸟：有史以来最大的鸟是 1000 万年前生活在澳大利亚中部的类似鸸鹋但不会飞的史氏雷啸鸟。据估计，它的体重超过 500 千克。最大的会飞的鸟是阿根廷巨鹰，它们生活在中新世时期现在的阿根廷区域，估计翼展为 7.6 米。

小知识 有史以来最大的，目前仍然和我们生活在一起的动物是蓝鲸。有记录以来最大的蓝鲸个体是一只长 33.5 米的雌性蓝鲸，它是 20 世纪初在南乔治亚岛（英属，位于南极地区）被捕获的。

陆生哺乳动物：最大的陆生哺乳动物之一是俾路支巨兽，一种长颈犀牛，生活在大约 3500 万年前的欧亚大陆上。它站立时肩高 5.4 米，整个身高 7 米，身长 11.3 米。它的体重极有可能超过 30 吨。

大灭绝

地球历史上曾发生过突然而剧烈的灭绝事件，波及大量物种，有一次几乎毁灭了地球上的所有生物。有人认为，这种大灭绝每 2600 万年发生一次，自寒武纪以来发生了 23 次大规模灭绝，其中 6 次被认为是重大事件。

寒武纪晚期：当海平面变化严重影响海洋环境时，腕足类和牙形虫类遭受到重创。三叶虫也受到严重影响，再也没有恢复到从前的盛况。

奥陶纪晚期：虽然在地球历史的长河里，奥陶纪是一个整体上相对稳定的时期，但在接近尾声时（约 4.4 亿年前），大多数动物群仍丧失了半数物种。究其原因，是由于一段时期的冰川作用——一个冰河时代，当时由于海水逐渐冻结成冰，海水后退。随着冰的形成，物种灭绝，100 万年后冰层又融化。棘皮动物、鹦鹉螺和三叶虫遭受到的破坏首当其冲。

泥盆纪晚期：在大约 3.65 亿年前，持续了约 300 万年的时间中，地球上 70% 的物种被摧毁，海洋物种遭受的毁灭比淡水物种更严重。腕足类和菊石遭受了严重的毁灭，无颌鱼和盔甲鱼也遭受了同样的毁灭。在温暖浅水中物种数量不成比例的损失，表明气候变化是一个原因，随着全球变冷，浅水中的氧气水平下降了。

二叠纪晚期：这是很严重的一次事件，堪称地球历史上最具毁灭性的大灭绝事件。在经过了 1 亿年的稳定期之后，严重的问题发生了，96% 的海洋物种发生了大灭绝，包括所有的三叶虫，还有 75% 的陆地脊椎动物也消失了。原因不明，但有人推测是彗星或小行星撞击地球，造成现在的西伯利亚地区剧烈的火山爆发，给史前动物造成了毁灭性的打击。

三叠纪晚期：火山爆发和巨大的熔岩流，宣告了新旧世界的分离，以及全球变暖后的大西洋形成，这被认为是许多海洋物种消失的罪魁祸首。

白垩纪末期：约 6500 万年前，恐龙突然灭绝了，但它们并不是唯一的受害者。大约有多达 95% 的海洋物种在这个时期突然绝迹了。一颗小行星撞向现在的尤卡坦半岛和墨西哥湾地区是促成灭绝的一个原因。但也有人提出，来自印度德干地盾的巨大熔岩流以及随之而来的气候变化也可能是一个原因。

物种消失

1993 年，哈佛大学的著名生物学家威尔森估计，每年有 30000 个物种正在消失，即每小时超过 3 个。污染、生境丧失、自然资源过度开发（尤其是打猎和捕鱼）和外来物种的迁移可能造成地球上超过 50% 的物种会在未来的 100 年内灭绝。

进军天空

动物不仅征服了陆地，还占领了天空。在四次不同的情况下，一个种群开始能够在空中飞行，探索出了动力飞行的优势。

首次飞翔

确切地说，昆虫开始飞行是在大约 3.3 亿年前的石炭纪。人们认为，一种现代昆虫——石蝇，能给我们提供一条关于昆虫是怎样开始飞行的线索。未成熟的若虫[㊀]的生活开始于河流或池塘中，但随后会生长出使它们能够在水面高速掠过的原始翅膀。

㊀ 不完全变态昆虫的幼虫被称为若虫。

最大的影子

会飞的爬行动物是从两足动物——“奔跑”的初龙进化而来的，在大约 2.5 亿年前起飞。翼龙是最早的可以飞行的脊椎动物，它长长的第四根指骨撑起向身体侧面延展的皮膜，手腕上的一块特殊的骨头——翼骨向前上方突出，支撑着一个像现代飞机机翼一样的襟翼，增加了起飞和平稳降落所需的升力。由于没有明显的爬树能力，翼龙被认为是从地面上起飞的。它们主宰天空达 1.4 亿年之久。

鸟：由地面升空或从树上升空

有证据表明，鸟类是在大约 1.5 亿年前由小型两腿恐龙进化而来的。它们长出羽毛来保温，前肢变为翅膀，可以在空中飞翔。

它们是如何飞向空中的是一个有争议的问题。一些科学家认为，在适应拍打翅膀进行飞行前，它们先爬到树上然后滑翔下来；而另一些科学家则认为，它们沿着地面奔跑，通过拍打最初的翅膀来起飞。在中国发现的一系列化石给这个问题带来了更多的启发。一种乌鸦大小、有羽毛的小盗龙被看作是食肉恐龙和始祖鸟之间的纽带，而始祖鸟是最早的鸟类之一。小盗龙有带爪的脚，很有可能是在逃避捕食者的过程中用来爬树的，这也给鸟类从滑翔进化而来的理论提供了支持。

蝙蝠

第一批蝙蝠开始飞行发生在大约 5000 万 ~6000 万年前，

它们进化出飞行能力的时间是鸟类进化所需时间的一半。这是大自然第四次发明飞行。蝙蝠很可能是从热带森林中的小型滑翔哺乳动物进化来的，但目前尚不清楚小型食虫蝙蝠和大型食果蝙蝠是否由共同的祖先进化而来，也不清楚这两类蝙蝠的飞行能力是否是分别进化而来的。

上图 德国达姆施塔特油页岩麦塞尔化石坑中发现的始新世蝙蝠化石

滑翔者和跳伞者

现代飞行动物并不只有鸟类、蝙蝠和昆虫。某些种类的青蛙、蛇、蜥蜴、松鼠和有袋动物都可以从树上滑行（滑翔）到地面。

青蛙：某些种类的青蛙已经进化出了独立而巨大的盘子

状的手和脚，以及可以用来跳伞或从树上滑翔下来的翼膜。

会飞的树蛇：这种蛇收缩自身身体的长度，所以它的横截面是 U 形的，这种 U 形的表面具有降落伞一样的功能。

飞蜥：飞蜥属其腹部两侧能够展开翼膜，可以在森林的树木之间滑行。

鼯鼠：它们有一块沿着身体延展的翼膜，可以在前肢和后肢直接展开。它们最远可以滑行 46 米，用尾巴操纵方向。

蜜袋鼯：一种生活在澳大利亚的有袋动物，有从第五个手指延展到身体两侧第一个脚趾的狭窄翼膜。它们借此可以滑翔 50 米以上。

返回大海

虽然数百万年前，早期的四足动物设法爬出了海洋，但在最近的一段时间里，它们中的一些——爬行动物、鸟类和哺乳动物——又爬回了海洋。

海龟

两亿多年前，一些爬行动物正在挣脱它们的两栖动物祖先。最早这样做的海龟已经成为其中最非凡的物种，而且被证实也是坚持得最久的物种。虽然其他许多爬行动物类都在白垩纪大灭绝时期灭绝了，但海龟还是幸存下来了。它们可能是由古生代的无孔亚纲食草动物锯齿龙属进化来的。现存的最大的海龟也是最原始的——棱皮龟，一种 2 米长的海龟，可以下潜到海平面以下 1200 米的深度，并能长距离地穿越大洋。

水下飞行

企鹅是有翅膀和羽毛的鸟，但是却不能飞翔。它们虽然不是鱼，但帝企鹅经常潜到海平面以下 527 米的深处。企鹅的翅膀可以让它们在海洋里“飞行”。

大约 7000 万年前，企鹅拥有弯曲的翅膀和潜水能力，因此最早的企鹅可能更像海燕。然而，海燕在觅食时的下潜深度不超过 72 米，完全不能与企鹅相匹敌。

鲸鱼和海豚

已知的最早的原始鲸出现在大约 5200 万年前的始新世早期，它们是可能仍有四肢的食肉动物，可能在河流附近捕猎或在海岸线附近游荡。它们进入水中觅食，在最近 1000 万年前，它们的四肢变得完全适应了海洋生活。早期的巨兽之一是生活在大约 3800 万年前的龙王鲸（一开始被误认为是一种爬行动物，因此被命名为帝王蜥蜴），龙王鲸最大有 18 米长，仍然有两条短小后腿。

至今仍存在的鲸鱼种类

鲸鱼	长度	详情
蓝鲸	22~33 米	迄今为止最大的哺乳动物
长须鲸	26.8 米	体型呈纺锤形，游速飞快的鲸鱼
塞鲸	13.7~16.8 米	短距离游得最快的鲸鱼

（续）

鲸鱼	长度	详情
布氏鲸	12~15.2 米	流线形，脐部到生殖孔有一道褶沟
小须鲸	8.2~10.2 米	小型须鲸，体型细长且尖
座头鲸	13.7~15.2 米	拥有最大的鳍和最多样化的“歌声”
露脊鲸	10.7~16.8 米	有一个长满角质瘤的大脑袋
小露脊鲸	6.5 米	仅栖息于南半球的大洋中
弓头鲸	20 米	有巨大而独特的弓状头颅
灰鲸	10~15 米	全身布满浅色斑
抹香鲸	15~18 米	潜水最深、时间最长的哺乳动物
小抹香鲸	3 米	生活在热带和温带海洋的深水区
侏儒抹香鲸	2.5 米	主要分布在太平洋地区

至今仍存在的巨兽

世界上最长的硬骨鱼：皇带鱼，一般长数米。最大的硬骨鱼是翻车鲀，长 3~5.5 米，从背鳍顶端到臀鳍顶端长可达 4.3 米。

世界上最大的鲨鱼：鲸鲨可以长到 20 米长。它以热带海洋中的浮游生物和小鱼为食。

世界上最长的无脊椎动物：大王酸浆鱿，从触手顶端到它的尾尖可达 18 米长。

恐龙与灵长类之间的空白

人们曾发现过一块极小的像松鼠一样的食果生物的化石。这种生物长约 35 厘米，有一条长长的尾巴，体重不超过 100 克。这块化石帮助填补了 6500 万年前恐龙灭绝到 5500 万年前第一批灵长类动物崛起之间的 1000 万年的空白。这种生物被称为辛普森氏果猴，是小型哺乳动物更猴形中较晚出现的一种。在古新世晚期，它们爬到树上寻找水果、种子、花朵和嫩叶作为新的食物来源，这样做避免了与生活在林地上快速进化的啮齿动物的竞争。

最早的灵长类动物

据估计，最早的真正的灵长类化石的年龄在 4000 万～5500 万年之间，在北美、欧洲和亚洲都有发现。人们在缅甸发现了松鼠大小的、重 400 克的哺乳动物的牙齿和下颌，它生活在距今 4000 万年前，这些发现表明演化成猴子、猿和人类的动物并非由非洲起源，还提供了这些高等灵长类动物和低等灵长类动物，比如狐猴，在解剖学上的差距的证据。来自中国的有 450 万年历史，被称为曙猿属的化石，是源于一种大概只有 10 克重的原始的灵长类动物，这种动物甚至都没

小知识　发现人类或人类祖先最早使用火的证据（燧石和木材）距今已有 79 万年。它是 2004 年在以色列被发现的。

小知识　最近 1.3 万年前，一个平均只有 1 米高的原始人类物种佛罗勒斯人在印度尼西亚的佛罗勒斯岛生活。科学家戏称它们为霍比特人。

有人类的大拇指长。我们最古老的祖先是非常小的。现存最小的灵长类动物是马达加斯加的倭狐猴，体重 28 克。

猴子的活动

在大概 3500 万年前的始新世，猴子首先从原猴亚目（狐猴和婴猴）进化而来。人们发现了几种较早进化成的化石，包括亚辟猴——一只胖松鼠的大小。它们有前视的眼睛和比它们的祖先大的大脑。它们很有可能在日间活动，吃水果和种子。

猿的起源

猿开始出现于中新世，最早从猴子到猿转变的动物之一是原康修尔猿，它们生活在大约 2000 万年前的非洲雨林中。

上图 金冠狐猴：狐猴妈妈带着孩子，摄于马达加斯加。

走出非洲

2003 年，人们在埃塞俄比亚发现了有 16 万年历史的最早的现代人类遗骸化石。它们展示了原始人与现代人之间的进化阶段，表明人类先在非洲进化然后迁徙到其他地方。然而，当时尼安德特人仍然在欧洲，表明欧洲人并没有和埃塞俄比亚人的遗骸化石有直接关系。

现存的猿类

猿	地点
黑掌长臂猿	印度尼西亚、马来西亚和泰国
黑冠长臂猿	老挝、中国南部、越南
白眉长臂猿	印度阿萨姆邦、孟加拉国、中国、缅甸
克氏长臂猿	明打威群岛，苏门答腊岛西部
白掌长臂猿	泰国、马来西亚、苏门答腊岛北部、缅甸、中国
银白长臂猿	爪哇岛西部
戴帽长臂猿	泰国东南部、柬埔寨、老挝
猩猩属	苏门答腊岛北部、文莱、印度尼西亚和马来西亚
合趾猿	马来西亚、苏门答腊岛
克罗斯河大猩猩	尼日利亚东南部、南喀麦隆
东部低地大猩猩	刚果共和国（仅在刚果东部的热带森林）
山地大猩猩	卢旺达、刚果民主共和国、乌干达
西部低地大猩猩	喀麦隆、加蓬、赤道几内亚、刚果共和国、中非共和国
黑猩猩	西非和中非
倭黑猩猩	刚果民主共和国刚果河南侧岸边潮湿的赤道森林

伟大的水路

世界上全部的水

地球表面有 3.6 亿平方千米的面积被水覆盖，约占地球表面积 5.1 亿平方千米的 70.9%。2000 年，国际水文地理组织将南纬 55°~62° 间的太平洋，以及南纬 50° 以南的印度洋和大西洋划定为南大洋[㊀]。

大洋	面积
太平洋	1.556 亿平方千米
大西洋	7676.2 万平方千米
印度洋	7411.8 万平方千米
南大洋	7700 万平方千米
北冰洋	1475 万平方千米

最深的深渊

海洋最深部分主要发现于俯冲带，在那里，地球板块相撞，一个板块俯冲到另一个板块之下。

海沟	大洋	深度
马里亚纳海沟	太平洋	11034 米
波多黎各海沟	大西洋	9219 米
爪哇海沟	印度洋	7725 米
南桑德韦奇海沟	南大洋	7235 米
阿蒙森海盆	北冰洋	4665 米

㊀ 编辑注：中国尚未公开承认南大洋。

海底山脉

海底山脉主要形成于地球的大陆板块正在形成的扩张地带，世界上最长的海底山脉之一是大西洋中脊。它从北极圈附近的冰岛延伸到南极附近的布维岛将大西洋分成两部分。

海底指向标

海底山是海洋洋底上的独立火山，有些是依靠地球深处喷出的岩浆形成的。冷却的岩浆中的矿物可以给海洋生物提供导航信息。比如，路氏双髻鲨会成群聚集在科特斯海的海底山上，它们可以通过读取凝固岩浆中的磁场信息找到返程的路。

上图 科特斯海的路氏双髻鲨

热液喷口

深海热液喷口绝对是我们地球上最热的地方之一。其喷出温度可以达到 400°C，即使是这样，这里仍然存在生命——红色管虫、大蛤蜊和盲虾在这里繁衍生息，但食物链起点不是太阳和绿色植物，而是来自地球中心的热量和矿物质。

洋流和海浪

洋流是环绕地球的巨大环流——大洋环流的一部分。北半球的洋流多数按顺时针方向运动，而南半球的洋流则是按逆时针方向运动。一些洋流，比如南美洲西海岸的秘鲁寒流，携带冰冷的极地海水到赤道，而墨西哥湾暖流则把温暖的海水带到温带地区。

洋流是水平移动的，而海浪则上下运动——是能量的向前运动，而不是水的向前运动。海面被风吹起来形成海浪，而被风带起的时间越长（无间隙的水），海浪就可能越大。

活岩石

珊瑚礁是由珊瑚虫的碳酸钙骨骼构成的，它们生活和生长的水域必须是清澈干净的。活珊瑚往往生长在已经死亡的珊瑚的石灰质遗骨上，珊瑚残骸缓慢堆积形成巨大的石灰岩礁。

大堡礁

大堡礁位于澳大利亚东海岸，毗邻昆士兰州。

长度：长约 2300 千米，从约克角半岛的顶端一直延伸到班德堡和弗雷泽岛的北部。

礁体的数量及大小：这里有 2900 个礁体，包括 760 个岸礁和 300 个珊瑚礁，占地面积达 34.9 万平方千米——比意大利还大。

生活记录：它是世界上最大的由生物体建造的建筑，尽管只有 6% 是真正的珊瑚礁，其余部分是大陆架或潟湖。

栖息生物：大堡礁到处都是野生动物，每年还都有新物种被发现。目前的记录是，这里有近 2000 种鱼类、4000 种软体动物和 350 种硬珊瑚。

另一个堡礁

虽然在规模上位居第二位，但同样具有重要意义的是中美洲的加勒比海珊瑚礁脉。它绵延超过 1000 千米，从墨西哥尤卡坦半岛的北端到洪都拉斯海湾群岛，还包括伯利兹和危地马拉的大型堡礁。它是美洲最大的珊瑚礁系统。

珊瑚环礁

环礁最初都是火山。当火山停止喷发后，海水就会冲蚀它的两侧，当岛屿下沉时，火山口边缘就被珊瑚入驻繁殖。珊瑚碎片不断堆积，直到一圈珊瑚从海中冒出来，比如太平洋中部马绍尔群岛的 29 个环礁。

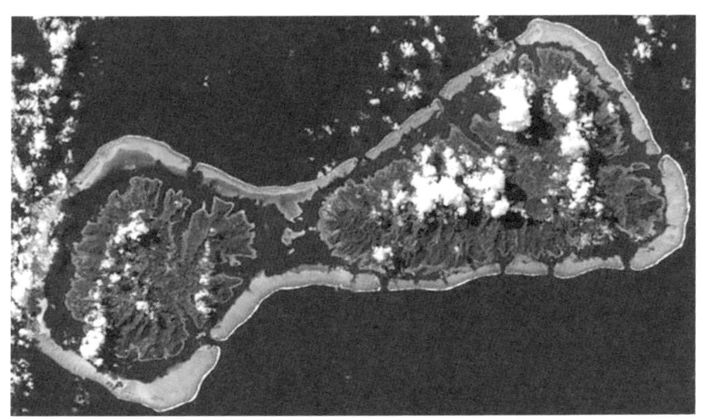

上图 南太平洋上的珊瑚环礁

冷水珊瑚

珊瑚也生长在深海冷水中。位于挪威罗弗敦群岛的勒斯特珊瑚礁是最大的冷水珊瑚礁之一。珊瑚礁长 35 千米、宽 3

上图 西伯利亚的贝加尔湖

千米，以每年1.3毫米的速度生长，位于水下200~300米的深度。形成它的生物是一种在寒冷的海洋中广泛生长的深水珊瑚，在全球范围内的温度为6~8 ºC的浅水中常被发现。

湖泊

湖泊从本质上来说是四周有陆地环绕的一片水域。大部分的湖泊都是淡水湖，与南半球相比，它们在北半球的分布纬度相对较高。

关于湖泊的事实

世界最大：里海是世界上最大的湖泊，被俄罗斯、伊朗、哈萨克斯坦、土库曼斯坦和阿塞拜疆等国所环绕。里海是咸水湖。

世界最深：俄罗斯西伯利亚的贝加尔湖。其中的奥尔洪裂缝是最深的点，达1638米之深，贝加尔湖湖面海拔456米。它是淡水湖，包含了地球上所有淡水的20%。

世界上湖泊最多的国家：芬兰素以千湖之国闻名，但实际上，芬兰拥有的湖泊数量远远不止这些。这里有令人难以置信的18.8万个湖，其中6万个是大湖，包括最大的塞马湖。

世界上萎缩最快的水体：由于灌溉抽水，咸海正在不断萎缩。在1960年，其面积测量为6.8万平方千米，到2012年，它的大小只有当时的三分之一。俄罗斯的白湖是消失最快的湖，2005年由于土壤移位，它被排入奥卡河，在几分钟内便消失了。

世界上最高的湖泊：拉格巴池，一个只有180米长、50米宽的小湖，海拔 6368 米，位于喜马拉雅山上。秘鲁的的喀喀湖位于海拔 3810 米以上的安第斯山脉中，是世界上最高的通航湖泊。

世界上最低的湖泊：死海是世界上最低的一片水域，它的湖面位于海平面以下 415 米。

小知识 北美洲最深的湖是大奴湖，最深处可达 600 米深。但是，它仅仅是世界上第六深的湖。

神话中的湖怪

怪兽	地点	国家
尼斯湖水怪	尼斯湖	英国
尚普	尚普兰湖	美国 / 加拿大
斯图尔湖水怪	斯图尔湖	瑞典
奥古布古	欧肯纳根湖	加拿大
纳韦利托	纳韦尔瓦皮湖	阿根廷
乌托邦湖怪物	乌托邦湖	加拿大
马尼波戈	马尼托巴湖	加拿大
贝西	伊利湖	美国 / 加拿大

小知识 如果北美五大湖的水席卷美国的话，它们将使这个国家淹没在 2.9 米深的水下。

南极洲地下

东方湖是一个巨型冰下湖，是南极洲 70 多个冰下水体中最大的一个。它在俄罗斯东方站以下 4000 米的深度，有 250 千米长、40 千米宽，在它的中心有一个地下岛。人们认为它的水有大约 100 万年历史了。

阿拉斯加的神奇湖泊

在阿拉斯加的北斯洛普点缀着成千上万个椭圆形湖泊，它们是地球上生长最快的湖泊。它们大小不一，从“小水坑”到长度超过 24 千米的大湖泊，这些湖泊以每年 4.5 米的速度扩张，持续了几千年。这些湖泊的形状就像被拉长的蛋，窄的一端指向西北方向。

死湖

在斯堪的纳维亚半岛，那些美丽的、像水晶一样的湖泊并不是它们看上去的那样。它们其实并不干净或未被人类染指，实际上，它们已经受到了工业地区酸雨的污染，因而并不能够为生命提供栖息地。这就是为什么它们看起来这么清澈。

西伯利亚的壶穴湖

在冰河时代，横跨大陆的冰川覆盖了北美和欧亚大陆的大片区域。随着冰川消退，偶尔会有大块的冰体脱落，然后被土壤和岩石包围，最终融化，在地上留下洞，洞里又充满了水。西伯利亚和北美著名的壶穴湖就是这样形成的。

河流

河流是一个大型的天然水路。水可能来源于湖泊、泉水或是一组小溪流，这些被称为水源。河流从它们的源头向下流动，通常在海洋终止。

河流的长与短

世界最长: 世界最长的河流是非洲的尼罗河，长 6671 千米。第二名是南美洲的亚马孙河，长 6480 千米，以微小差距位列第三的是亚洲的长江，长 6397 千米。

世界最短：D河[㊀]，位于俄勒冈州，连接了魔鬼湖和太平洋，只有37米长。

气势磅礴的亚马孙河

亚马孙河及其支流流域面积达 691 万平方千米，约占南美洲面积的 40%。在它的整个河道上没有一座可以横跨它的桥梁。在它从安第斯山脉流出之后，河面高度降到海平面不到 100 米高度，而且在剩下的长度都保持在这个高度。

亚马孙河的河口，是一个 330 千米宽的三角洲（包括帕

㊀ 也有说法称世界上最短的河是在美国密苏里河和大泉间流动的 Roe 河（长 61 米），因为 D 河的长度经常会发生变化。

拉河的河口）。马拉若岛和丹麦的大小差不多，位于三角洲的中部。

洪水泛滥时，每天有 1400 万立方米的水从这条河流入大西洋，这些水量足以为纽约市提供 9 年的淡水。

亚马孙雨林

当安第斯山脉的雪刚融化，激流会冲进亚马孙平原，再加上天天可见的倾盆大雨，亚马孙河两岸的大片土地会被严重冲刷深达 12 米。这就是亚马孙雨林，一个奇特又混乱的世界，在那里，淡水海豚、食果鱼和大型的水獭在树梢周围游动，有时候还会有其他动物，包括淡水魟鱼、公牛鲨和海牛等。

上图 亚马孙河流域

恒河河口的孟加拉虎

浩荡的恒河河口处是一片广袤的低地，被称为孙德尔本斯，吃人的孟加拉虎就出没于此。采蜜人、渔夫和伐木工都是其受害者。人们曾经给服装店的假人模特安装上电线，高压电击了一只前来攻击人类的老虎，以使它不敢再攻击人类。令人惊讶的是，这种方法奏效了。

瀑布

瀑布是一股在能够产生突然落差的耐侵蚀岩层上流动的水流。

大瀑布	落差	位置	国家
安赫尔瀑布	979 米	丘伦河	委内瑞拉
图盖拉瀑布	944 米	图盖拉河	南非
韦奴弗森瀑布	847 米	冰川河流	挪威
姆塔拉西瀑布	762 米	姆塔拉西河	津巴布韦
约塞米蒂瀑布	739 米	约塞米蒂溪	美国

世界上 10 个最高的瀑布中有一半在挪威。然而世界上最有名的瀑布可能是美国 - 加拿大边界上的尼亚加拉瀑布。其中，美国瀑布高 50 米、宽 305 米，加拿大瀑布 56 米高、675 米宽。

水坝

几乎世界上的每一条河流都修有水坝。据估计，世界上有 80 万座小型水坝、4 万座大型水坝和 300 座巨型水坝。

世界上最大的人工湖：沃尔特水库长达 400 千米，是世界上最大的人工湖，位于加纳南部，水源来自白沃尔特河。

世界上最大的土石坝：阿斯旺水坝拦腰截断了尼罗河，并形成了纳赛尔湖——世界第二大人工湖。

小知识 1901 年 10 月 24 日，63 岁的教师安妮 · 泰勒成为第一个用木桶成功跃下尼亚加拉瀑布的人。她幸存了下来，但没有名利双收，死去时贫困潦倒。

世界上最大的混凝土重力坝：2009 年，世界上最大的混凝土重力坝是中国长江上的三峡大坝。坝顶高程 185 米，宽 1.6 千米。三峡水电站是世界上第一大水力发电站。

世界上第二大的水力发电站：在巴西 – 巴拉圭边境修建伊泰普水电站所需的钢铁量足以建造 380 座埃菲尔铁塔。它宽 7.7 千米，横跨著名的伊瓜苏大瀑布上游的巴拉那河，高 176 米，是世界上第二大的水力发电站。

世界上最古老的水坝：发现于埃及尼罗河沿岸，高 11 米、长 106 米，可追溯到公元前 2900 年。

上图 巴西－巴拉圭边境的伊泰普水电站，世界上第二大的水力发电站。

小知识 世界上最高的大坝是罗贡坝，一座由岩石和泥土填充的335 米高的大坝，横跨塔吉克斯坦的瓦赫什河。第二高的大坝是300 米高的努列克坝，它们位于同一条河上。

运河

人们会因为多种原因而修建运河。巴拿马运河、苏伊士运河和基尔运河的修建目的是为了缩短海上航行距离；而加拿大的韦兰运河和多瑙河上的航道则是用来绕过障碍物或改善天然水道上船只的通行；英格兰的曼彻斯特运河将一个内陆城市与大海连接了起来；而其他运河则缩短了城市之间的距离，比如比利时的阿尔伯特运河将列日工业区和安特卫普港连接了起来。

世界最长：中国的大运河，始建于公元前 486 年，至今已有 2500 多年的历史，包括隋唐大运河、京杭大运河和浙东大运河，全长 2700 千米。

巴拿马运河

巴拿马运河堪称工程奇迹，它横跨巴拿马地峡，连接了大西洋和太平洋。人们早在 16 世纪就提出修建运河，当时正在探索一条从美洲西海岸将黄金运输到欧洲的安全路线。1534 年，由西班牙的政府官员初步起草的一个计划和现在的路线十分接近。在 19 世纪晚期，法国的一家公司启动了这个工程，但是后来遭遇破产，随后这个工程由美国承接过来并在 1914 年竣工。

长度：现代的巴拿马运河延伸达 81 千米，从大西洋沿岸的科隆到太平洋沿岸的巴拿马城。

缩短的距离：一艘从旧金山开往纽约的船只，如果取道巴拿马运河而不是绕过南美洲最南端，可以节省约 1.3 万千米的航程。

船只通过量：平均每天有 30 艘船只通过运河，每年则通过超过 10000 艘。

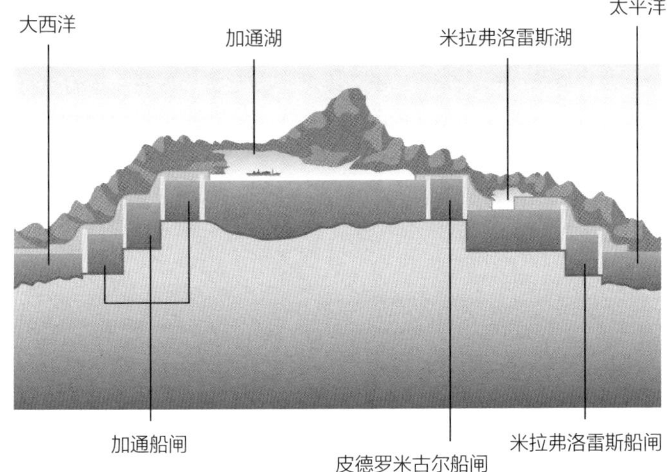

上图 巴拿马运河图解，横截面。

沙漠

干旱地区

除南极洲外，沙漠分布在赤道以北和以南 15º~35º 两个地带，这里高压天气系统占主导地位，雨水稀少。沙漠覆盖了地球陆地约三分之一的面积。

撒哈拉：曾经的绿色宜人之地

撒哈拉沙漠并不一直都是干旱的，它曾经历过几次丰水期，最近的一次是在约 5000~1 万年前。在那时，大象、河马、鳄鱼和人类栖息在这块土地上。然后该地区在公元前 3000 年变成了目前的干旱状态。现在它西临大西洋，北临地中海，东临红海，南临苏丹和尼日尔河。撒哈拉沙漠的边缘地带会有一些雨水，但干旱的中心区每年降雨量不到 7.6 厘米，气温还高达 57.7 ºC。

沙子和越来越多的沙子

撒哈拉沙漠面积的四分之一被沙地和沙丘所覆盖。沙丘可以高达 150 米，而沙脊可高耸至 350 米。其他四分之一是山区，最高的山峰是乍得境内的库西山，海拔 3415 米。最低点在埃及的卡塔拉洼地，海拔约 133 米。剩下的大部分是石漠，尼罗河的主要支流在撒哈拉沙漠汇集,尼日尔河也流经撒哈拉沙漠。撒哈拉沙漠中肥沃的地区由地下河流和盆地提供养分。

撒哈拉沙漠的鳄鱼？

2001 年，一条长 12 米、重 7.87 吨的巨型鳄鱼化石在撒哈拉沙漠的尼日尔一个叫作加杜法瓦的地区出土。它生活在约 1.1 亿年前，和恐龙同时期。如今，仅存的鳄鱼是少量的残存种群，它们占据了撒哈拉沙漠南部边缘绿洲的一小片开阔水域。

阿塔卡马沙漠：沙漠和深蓝海洋

智利的阿塔卡马沙漠是一个被熔岩覆盖的高原，分布有盐盘和间歇泉，处于太平洋和安第斯山脉之间，是地球上最干旱的地区之一。在这片 1217 千米长的干旱地带，每年的降雨量不足 0.01 厘米，甚至有些地方 400 年来都没下过雨。唯一的湿气来自一种叫作卡门却加雾的浓雾，当从南极洲向北移动的寒冷的秘鲁寒流与从陆地上吹来的温暖空气相遇时，它就会从海洋中飘来。当地人用雾网来收集它。

沙漠花海

如果阿塔卡马的一个地区间隔几百年才下一场雨，那里将寸草不生，但是如果降雨周期是十年或二十年，奇迹就会发生。尘封在地表下的沉睡已久的花朵种子和鳞茎会突然迸发生机、孕育生命，在这个沙漠中绽放。花通常相继盛开，一个隐藏的山谷先洋溢着智利一种旋花科植物开出的紫色花海，然后是黄色花海，之后智利刺荨麻开放。干旱沙漠的部分地区的降雨经常伴随着厄尔尼诺现象。

卡拉哈里沙漠：沙漠饮食

卡拉哈里沙漠是蝴蝶亚（一种多刺仙人掌，能够抑制食欲和控制肥胖）的家园。它在数千年前由布须曼人发现，在长期的狩猎旅行中曾（现在仍然是）被他们用来延缓饥饿。这种植物含有名为 P57 的物质，它可以通过欺骗大脑，使其误以为身体的血糖水平上升到了已经吃饱了的血糖点，摄入半个香蕉块大小的蝴蝶亚就相当于我们大约 24 小时的食物需求。

地球上的盐

艾尔湖：艾尔湖是一个浅水盐湖，位于澳大利亚的中部地区。它长 144 千米、宽 77 千米，最低点在海平面以下 15.2 米。当它充满水时，可以吸引数百万候鸟前来栖息。

北美洲最低点：恶水盆地是死亡谷 2743 米厚的盐盘上的一个小盐池。它是北美洲的最低点，位于海平面以下 85 米。附近是被侵蚀的像一块被犁过的田一样的盐层，叫作魔鬼的高尔夫球场。

大盐湖：北美洲最大的内陆盐湖，位于美国犹他州西北部，面积 4403 平方千米，深度只有 11 米，是世界第四大终点湖（河水不能外泄的湖）。它曾经是邦纳维尔湖的一部分。

地球陆地表面最低的地方：死海是世界上最深的盐湖。它长 76 千米、宽 18 千米、深 400 米，位于以色列和约旦之间。死海的水根据深度的不同，比海水咸 6~10 倍，含有 21 种矿物质，其中 12 种在海水中没有被发现，并被认为有利于缓解皮肤病和风湿疾病。

戈壁——寒冷的沙漠

戈壁沙漠的大部分是光秃秃的岩石，而不是沙子。尽管如此，在汉语中，它还被赋予了其他几个名字，如旱海，意思是干燥的大海。这是一个环境极端恶劣的地方，例如，蒙古南部的气温下降到-33℃时，阿拉善的气温却可以飙升到37℃。季风会抵达这片区域的东南角，但其余部分极度干燥。

野生骆驼

据称，在中国西北部和蒙古国的沙漠中幸存的野生骆驼不超过 950 头。生活在这里的骆驼生长有双驼峰，这种动物很好地适应了戈壁恶劣的气候条件。

南极洲——冰冷加热

令人奇怪的是，地球上最干燥的地方不是炎热的沙漠，而是位于南极洲的麦克默多干燥谷。这里几乎没有降雪或降雨，可以称得上是我们地球上那些气候最严酷的地方之一。山谷位于麦克默多湾西岸，面积约 4800 平方千米。主要的山谷宽 5~10 千米，长 15~20 千米，有些有永久冻结的湖泊。其中有一个是万塔湖，由于太阳可以透过冰给湖水加热，所以湖底水温为 25 ºC。

纳米布沙漠——生命之雾

纳米布沙漠被认为是世界上最古老的沙漠，干旱历史已超过 5500 万年。这里的动植物主要依靠不可预测的降雨和从大西洋飘来的大量浓雾维持生命。这一地区的一类栖息者——一种在沙丘顶部倒立的甲虫，以倒立的方式来使凝结在身体上的水分直接流进自己的嘴里。蜥蜴通过舔眼睛表面的水分

上图 麦克默多湾的南极山脉

生命之本：食物

在秘鲁阿塔卡马沙漠边缘的帕拉卡斯，富含营养物质的太平洋边缘海为动物提供了丰富的食物，其中包括大量聚集于此的海鸟。这些海鸟留下大量鸟粪石，在这片区域蒙上一层厚达50米的鸟粪层。

来维持生命。植物百岁兰有两片带状的纤维质叶子，在其整个生命周期中都会保留下来，它们是地球上活得最长的叶子，其中一些标本被认为已经存在超过 2500 年了。

沙丘

世界上一些超级大的沙丘位于索苏斯盐沼的北部和南部，它是一片沙海，位于纳米比亚的纳米布 – 诺克卢福国家公园，面积 3.2 万平方千米，其中红色和赭色的沙丘超过 300 米高。世界上已测量的最高的沙丘位于阿尔及利亚撒哈拉沙漠东部的伊萨万提费尔宁沙漠，有 465 米高，沙丘之间的距离是 5 千米。

沙丘类型	描述
新月形沙丘	新月形沙丘是地球上，也是火星上最常见的沙丘类型。这种沙丘凹面上有陡峭的滑落面，其宽度比其长度要大，是受单向吹的风的作用而形成的
线状沙丘	线状沙丘是直的或稍微弯曲的，长度比宽度要大得多。
星状沙丘	金字塔形，有几个伸展出的具有滑落面的沙脊。它们向上生长，是几个不同风向的风相互作用的结果
圆顶沙丘	这种沙丘很罕见，它们没有滑落面，常出现在新月形沙丘顶部

小知识 沙丘可以发出隆隆声、吱吱声、歌声、口哨声或者咆哮声。当沙砾紧密堆积，干燥、呈圆形的沙砾相互滑动时，如沙丘滑落面上发生沙崩时，就会发出低频的声音。这种声音被形象地描述为风琴管、通过电报线的风和远方的定音鼓。

丛林和森林

热带雨林

世界上最大的热带雨林跨越了赤道，其他热带雨林则被夹在北回归线和南回归线之间。它们覆盖了世界约 6% 的陆地表面，生产全球 40% 的氧气。热带雨林全年温暖（温度在 20℃以上，但不超过 34℃），水资源充沛（每年降雨量超过 2.54 米），湿度为 75%~90%。热带雨林中没有季节变化（季风地带除外），每个植物种类都有自己的开花和结果时令。

中美洲：该地区曾被热带雨林覆盖，但很多已被砍伐用于牧场经营和甘蔗种植园。鹦鹉在鸟类中占主导地位。

亚马孙河：南美洲有世界上最大的热带雨林，覆盖世界第二长河的流域。这里蕴藏着地球上最丰富的动植物种类。

中部非洲：这里拥有世界第二大热带雨林，是稀有的低地大猩猩的家园。

南亚和东南亚：零散的森林从印度延伸到马来西亚和印度尼西亚的东部，水分来自于每年的季风。

大洋洲：数百万年前，这里曾经是一整块草木丛生的南部大陆，每一片独立的岛屿森林，比如分布于昆士兰州和巴布亚新几内亚的森林，都有自己特有的动植物物种。

热带雨林，非洲埃塞俄比亚，青尼罗河上的汤姆森瀑布。

热带雨林的分层

热带雨林有五个基本层次，生长在这里的 70% 的植物都是树木。

露生层：树木高度超过 50 米，有伞状树冠从森林的顶部伸出。它们受到顶部风的吹刮，因此会长出有助于减少水分流失的小叶子。它们的树干是笔直的，上面覆盖有一层薄薄的树皮，厚 1~2 毫米。它们的基部通常有板根，用来帮助支撑树干并协助将营养物质输送到根部。

树冠层：树木高达 35 米，其树冠处于顶部光线充足的位置，而下面却光线不足。叶子有“滴头”，使水分更容易流通，以促进蒸腾作用和减少霉菌生长。藤本植物（木质藤本植物）利用这些树的树干和树枝攀爬到阳光下，然后在那里开花结果。大多数雨林动物，比如猴子，都生活在上部树冠层。

林下叶层：树木高达 20 米，其树冠位于空气流动微弱和湿度高的地方。附生植物，如凤梨科植物和兰科植物，附着生长在这些树木的枝干上，有些树的花直接生长在树干上而不是树枝上。

灌木及幼树层：只有不到 3% 的可以利用的光能穿透树冠层到达这一层。在这里树木生长受限，直到树冠层中露出一个缝隙，它们才可以再次向光生长。

地面层：只有 1% 的光和三分之一的降水到达这一层。在黑暗中，很少有绿色植物生长，土壤很薄。这一层是腐生植物的王国，如细菌和真菌还有寄生生物，比如莱佛士花——世界上最大的利用腐肉的气味吸引苍蝇来帮助其授粉的花。

以花为家

凤梨花中心叶丛可以为许多小生物提供栖息地。它可以是蜗牛、扁虫和蝾螈的家园。蚊子在这里繁殖，还有小毒箭蛙在这里产卵并保护它们的蝌蚪。

森林多样性

热带雨林是所有栖息地或生物群落中动植物种类最丰富的地区。地球上已知的所有的物种中，几乎一半都生活在这里。

亚马孙河上的一个池塘或牛轭湖里的鱼类种类比生活在欧洲所有河流里的都多，在亚马孙河中所发现的鱼类种类比在整个大西洋发现的都多。

婆罗洲上一小块 10 公顷大的雨林可能包含 700 种树木，相当于整个北美洲树木种类的总和。

秘鲁雨林中的一棵树上就容纳有 43 种不同种类的蚂蚁，比得上整个不列颠群岛上生活的蚂蚁种类。

森林绞杀者

有些植物用最狡猾的手段来获取阳光和营养。绞杀植物——在热带雨林中大多是榕树，在生命初始是一种附生植物，在树干的弯曲处发芽。随着榕树生长，它生发出许多小根，向下生长到寄主树的根部，然后这种榕树就开始攫取寄主树的营养和水分供应。其他的根缠绕在树干上，限制养分的流通。榕树会长出叶子来遮盖寄主树本身的叶子。最终，寄主树被缠绕绞杀，被夺取阳光、水分和营养，然后死亡和腐烂，仅仅剩下一个中空的圆柱形躯体——现在成了巨大的绞杀榕的中心。

森林药房

虽然只有 1% 的热带植物被人们当作药物测试过，但是我们的所有药物成分中大约有四分之一源自于热带雨林植物。而世界上的热带雨林正在迅速消失。

现在生活在热带雨林中的大多数原始部落的药师或萨满都是 70 岁甚至更老的老人，如果他们来不及把自己的知识传授给更年轻的继承人，那么当他们死后，他们的知识也会随之消亡。这就像烧毁整个药典图书馆一样。

箭毒：它来自热带藤本或藤蔓植物，在手术中被用于放松肌肉。美洲印第安人也用它抹在箭上增加毒性。

奎宁：取自金鸡纳树——一种与咖啡和栀子有关的热带常绿植物，用于治疗疟疾。

紫长春花：来自马达加斯加热带雨林，它帮助很多的儿童白血病患者进入病情缓解期。由于伐木的原因，现在这种植物已在野外灭绝。

上图 金鸡纳树之花：奎宁的重要来源

当心！致命的有毒植物

种类	描述
蓖麻子	全株有毒，长得像可食用的豆子
樱桃和月桂	叶子和小枝有毒，会释放氰化物
苦楝	全株都很危险，叶子是天然的杀虫剂
刺毛黧豆	花和豆荚会刺激眼睛，甚至导致失明
死亡棋盘花	球茎像洋葱，但没有味道，毒性很强

（续）

种类	描述
马缨丹	全株有毒
槲寄生	浆果剧毒
龙葵	全株有毒，尤其是未成熟的浆果
夹竹桃	全株有毒，因此不要用它的木材做饭，因为烟会毒化食物
潘济木	全株有毒，尤其是果实
麻疯树	全株有毒，其中种子是甜的，但会引起剧烈腹泻
毒参	又叫芹叶钩吻，毒性很强，易与野生胡萝卜混淆，有多毛的叶子，气味类似鼠臭味
毒漆藤	会引起严重的接触性皮炎
毒栎	会引起严重的接触性皮炎
鸡母珠	剧毒，一粒种子含有足以致一个人死亡的毒素
马钱子	全株有毒，其中浆果含有大量的马钱子碱
水毒芹	剧毒，即使是少量的也会导致死亡；其树根常被误认为是防风草

高大茂密的树

树木理所当然地会不断生长，不同的树木以不同的速度生长，所以世界最高树木的称号有时很难固定不变。最有力的竞争者通常是红杉、水杉和桉树。

最高纪录：有记录以来，世界上最高的树是杏仁桉。它生长在澳大利亚维多利亚州的瓦茨河谷。1872 年，它有 132.6

米高，但是它的顶部被损坏了，否则它本应更高，可能高达150米。

最高的挑战者：另一个冠军称号争夺者是同样位于澳大利亚维多利亚州的波波山的一棵桉树。1889年，有人称它有143米高，但测量的准确性受到质疑。

近来最高的树：近来最高的树是一棵巨大的海岸红杉，被命名为戴惠巨人，生长在加利福尼亚州的杭波特红木公园。当它在1991年3月24日倒下时，被精确测量并证明至少有109米高，而且有2000多年的树龄了。

最高的树木公园：许多破纪录的巨树都发现于加州杭波特红木公园。最高的存活的树木是亥伯龙，高115.61米，是在2006年发现的一棵海岸红杉，但它的确切位置是个秘密。身高112.83米的同温层巨人，也生长在同一个公园里，位列第二。以微小差别排名第三的是门多西诺树，也是一棵海岸红杉，生长在加州蒙哥马利森林自然保护区，高112米。

最大的树：世界上最大的仍存活着的树是谢尔曼将军树，是矗立于加利福尼亚州红杉树国家公园中的一棵巨杉。它只有83.8米高，但树干周长为31.3米。它的重量（包括根）大约为1800吨。

小知识 一棵大树每天可以吸收超过500升的水，但只有不到1%的水用于光合作用和生长。大部分水都在叶片的蒸腾作用（蒸发）中损失掉了。

高耸的云杉

北美有几棵争夺世界上最高或最大的称号的“巨人树”。比如北美云杉，它一直不为科学界所知，直到 1806 年梅里韦瑟·刘易斯（美国探险家）对这棵树进行了描述。俄勒冈州锡赛德发现的一棵北美云杉，高 66 米，树干周长 17 米。

巨人谷

另一位竞争者是奎诺湖边的一棵巨大的云杉树。它的高度为 58 米，树干周长为 18.6 米，生长在华盛顿州的奥林匹克国家公园。这片森林是西半球三个温带针叶林之一，其中还生长有巨型铁杉、格拉斯冷杉以及西部红杉和阿拉斯加香柏。

隐藏的树

然而，这两种云杉与加拿大有记录以来最高的树卡玛纳巨树相比就黯然失色了。卡玛纳巨树是一棵高 95 米的北美云杉，矗立在温哥华岛西南海岸。然而，加拿大不列颠哥伦比亚省的麋鹿溪森林可能隐藏着更大的巨树，至少有 12 棵道格拉斯冷杉的高度都超过了 66.7 米，有一些甚至有 82 米高，所以人们期待另一个破纪录者会出现在这里的某一个地方。

森林和树木

森林本质上是一个高树木密度的区域，它的作用是二氧化碳汇、动物栖息地、水文流量调节器和土壤储藏器，所有这些都使森林对地球生物圈起到至关重要的作用。

最大的：俄罗斯的泰加林带是世界上最大的森林带。该森林带主要由针叶树组成，占地11亿公顷，甚至横跨了五个时区。

最坚硬的树干：位于圣玛丽亚德尔图尔镇的图尔树——一种蒙特祖玛落羽松，生长在墨西哥瓦哈卡州。它的树干周长有54米，高度超过40米，被认为有超过2000年的树龄。

最小的树：世界上最小的树是生长在北极冻土带上的矮柳。这种树的高度很少会超过6.35厘米。

最深的根：扎根最深的树是一种野生无花果榕树——纳塔尔榕。生长于南非德兰士瓦省的奥里赫斯塔德附近的回声洞穴里。它的树根深扎于地下120米的深度。

最大的树冠：拥有延伸最宽的树冠的树是巨型孟加拉榕。生长在印度加尔各答国家植物园中的一棵孟加拉榕，它的树冠直径为131米。

现存最古老的树：狐尾松以长寿著称，其中最古老的是玛士撒拉树，生长在加利福尼亚的白山上，至今仍然在生长。它已经4800岁了，有17米高。

小知识　树叶在秋天会变色，这是因为在春天和夏天曾一直帮忙合成养分的叶绿素开始分解，原来被绿色所掩盖住的其他有色色素的黄色和红色就显露出来了。

狐尾松，加利福尼亚大盆地刺果松。

小知识 地球上有超过 2.3 万种树木，而且至今新品种仍在不断地被发现，比如 1999 年发现的越南黄金柏和 2000 年在澳大利亚发现的一个攀鼠栎属的新种。

巨树的死亡

塔斯马尼亚州郁郁葱葱的雨林中矗立着一棵 79 米高的巨大桉树——世界上最大的阔叶树。它被亲切地称为大领主，已经安然无恙地屹立了 350 年。然而一场原本用来引燃木屑的火失去了控制，大领主被吞没，于 2003 年 5 月被宣布死亡。

快速生长者

生长最快的树是毛泡桐，原产于中国，其产氧量也是其他树种的 4 倍。它第一年生长到约 6 米高，最高可以达到 23 米。有一棵毛泡桐仅仅在 21 天内就长高了 31 厘米。然而，这一增长速度被生长最快的单株树——马来西亚沙巴的一棵南洋楹所超越。1974 年，这棵南洋楹在 13 个月内长高了 10.74 米，也就是每天长高 2.79 厘米。

恐龙树

世界上现存最古老的树种是分布于中国东部地区的银杏树。侏罗纪岩石层中发现了类似现代银杏树的化石，这意味着这一树种在恐龙鼎盛时期就生活在地球上了。

小知识 1964 年，一棵名为普罗米修斯的狐尾松被一位过于热情的地理系学生砍倒。当时，他正在测量自己那块土地上树木的年龄，而美国林务局允许他砍倒这棵松树来数它的年轮，结果他发现这棵树有 4862 岁了。他摧毁了当时被认为是地球上最古老的树木。

小知识 不是所有的树都能漂浮在水面上。来自近28种树木的木材，包括乌木、蛇纹木、绿心木、风车木、紫檀木和几种铁木，会沉入水中。

缓慢腐烂

世界上最大的真菌发现于俄勒冈州东北部的马卢尔国家森林公园。这种单体有机质的覆盖面积为 900 公顷，相当于 1260 个足球场，人们认为它已经有超过 2400 年的历史。该物种是奥氏蜜环菌，是一种攻击较高纬度地区森林树木根部的巨型真菌。

巨型种子

塞舌尔的海椰子或复椰子树结出的海椰子是植物界里最大的种子，部分重达 25 公斤。这种树分布在岛屿之间，当海椰子掉进海里后，会被冲刷上岸，然后发芽。

红树林沼泽

上图　塞舌尔的复椰子树

红树林是在热带或亚热带咸水环境中繁荣生长的植物。一些红树林能生存下来是通过从树叶中除去盐分，而另一些则会阻止盐分进入它们的根部。红树林意义重大，因为其错综复杂的根和树枝可以保护脆弱的海岸线不被海浪和风暴破坏，从而为幼鱼和其他海洋生物提供育儿带，也可以为沿海鸟类提供筑巢地点。全球有 50 多种红树林，其中 3 种较常见。

种类	地点
红红树	生长在水边，有支柱根，看起来像是用腿走路的树
黑红树	生长在靠近陆地的地方，有手指状的呼吸根从树周围的泥土中伸出来
白红树	生长在陆地上，没有可见的气生根系统

广阔的沼泽

世界上最大的红树森林位于孟加拉国的孙德尔本斯，靠近印度。这里是梅花鹿、咸水鳄和大约400只孟加拉虎的家园。

红树林招潮蟹

红树林招潮蟹栖息在红树林中。雄蟹的一只螯比另一只螯更鲜艳、更大，几乎和它的身体一样大；而雌蟹的两只螯大小相等。雄蟹的大螯是用来发出信号的——上下有力地挥舞，要么是为了吸引雌蟹，要么是为了击退其他雄蟹。

鲨鱼温床

在巴哈马群岛，雌性柠檬鲨在每年的 4 月到 6 月之间来此产崽。它们新生的幼崽游进岛附近的红树林中，远离危险。群岛满是各个年龄的鲨鱼，小鲨鱼面临着更大的鲨鱼的威胁，甚至是它们自己同类鲨鱼的威胁。幼柠檬鲨会待在群岛很多年，一条 4 岁的幼柠檬鲨，大约 1 米长，也会啃一条 60 厘米长的同类。

出海捕鱼

从印度尼西亚到婆罗洲的红树林是巨型弹涂鱼的栖息地，这种鱼在水中的活动时间和在水外的活动时间一样长。它有 20~27 厘米长，是最大的弹涂鱼种类之一。与一些素食鱼类不同，巨型弹涂鱼是一种肉食动物。在涨潮时，它会在水中追捕更小的弹涂鱼，然后回到树根或岩石上休息，在低潮时，它会在淤泥上捕食昆虫、螃蟹和虾。它呼吸空气的能力是独一无二的。事实上，它不能无限期地留在水下。它将水保留在扩大的鱼鳃中。它还可以通过嘴后部、喉咙和皮肤吸收氧气，只要鱼身表面是湿润的就行。它用腹鳍在红树林中攀爬，并在泥沼中跳跃。

极地地区

冰盖

地球上有两个主要的冰盖，一个是南极冰盖，拥有约 1398 万平方千米的永久冰体；另一个是格陵兰冰盖，拥有约 183 万平方千米的冰体。

南极冰盖

世界上大约 90% 的冰都分布在南极洲，而这些冰目前正在消融。在 2002 年 3 月，一个巨大的悬挂在南极半岛北部的浮动冰架——拉森 B 冰架，碎成了冰山。这块重达 50 万万亿吨的冰覆盖了 3250 平方千米的面积——比伦敦大两倍还多，冰架厚 200 米。冰架的崩解花费了 35 天，这使得向冰架供入冰的冰川形成了许多破碎的冰山，冰架也变薄了。这个地区的冰山目前正在融化的冰量比用来补充冰山的降雪量还多。

格陵兰冰盖

尽管格陵兰冰盖边缘的冰川正在融化，但其中心的冰层厚度正以每年 6 厘米的速度在增加。这是由于冬季更多的降雪和北大西洋涛动造成的。北大西洋涛动是热带高气压和极地低气压之间的一个大规模的气压反向变化关系。格陵兰冰盖一旦融化，海平面就将上升几米；而且洋流，比如墨西哥湾暖流，可能会改道，这可能会极大地改变欧洲西北部和世界其他地区的气候。

如果南极半岛的所有冰都融化，那么全球海平面将上升0.3米。如果其他任何一个冰盖融化，如西南极冰盖，那么海平面将上升更多。

冰山

冰山是从冰川冰盖向海端分离出来的冰冻淡水块体。通常，大约八分之一的冰山露在海平面以上，其余部分则淹没在海面以下。

巨人冰山

在2003年断裂前，B-15曾是南极最大冰山。B-15长300千米，宽40千米，在2000年从南极的罗斯冰架上崩裂下来，当时大约有1.1万平方千米，大小相当于牙买加，这座冰山导致罗斯海毁灭性地丧失了食物链的一些关键部分。

固体海洋

每年秋天和初冬，极地周围的海洋都会结冰。在海面上形成的细小晶体最终会变硬结冰。任何风都会把表层分解成一块块圆形“薄饼”。在随后的24小时内，冰的厚度可以达到20厘米。巨大的涌浪可能会把它分解成浮冰，但到了仲冬，浮冰就会整合成2米厚的固体海冰。

冰塘

并不是全部北冰洋和靠近南极的南大洋都会在冬天结冰。这里有冰间开水域的池塘，被称为冰间湖。那些靠近海岸的冰间湖通常是由于海上强风造成的。而大洋中部的冰间湖是由上升暖流引起的。

北极熊

世界上最大的陆地食肉动物是北极熊，北极是北极熊的领地。北极熊在北极寒冷的冬天繁衍，裹着脂肪和厚厚的皮

上图 一只北极熊和它的幼崽，摄于阿拉斯加的波弗特海。

毛。它在浮冰上猎食，会寻找海豹用来呼吸的小孔，北极熊能用它非凡的嗅觉识别正在使用的小孔——它能很容易地识别出海豹的呼吸。北极熊会耐心地等待海豹出现，然后用爪子猛地砸穿冰块，一把扼住海豹的脖子。

小知识 北极熊长长的保护毛——外层的隔热毛——是中空透明的。然而，实验已经证明了传说它们能将太阳光中的紫外线传入北极熊的黑色皮肤是错误的。

北极熊迁徙

北极熊整个冬天都在浮冰上游荡。一些北极熊的活动范围可以达到数千千米，一个小家庭的活动范围约为 5 万平方千米，通常在靠近加拿大的北极群岛，其中大的岛屿有 35 万平方千米，比如白令海或楚科奇海的那些岛屿。它们每天穿越 30 千米，连续几天不停。然而到了春天，当冰融化时，北极熊要么沿着后退的冰向北走向北极，要么在岛上或大陆上度过冬天。

小知识 在冬天，北极狐经常尾随着北极熊穿过冰面，希望能找到食物残渣。然而在夏天，北极狐以在海崖和苔原平原上筑巢的海鸟为食，野天鹅和野鹅会在这些地带繁殖。

北极鲸鱼

有三种鲸鱼生活在北极海域。

弓头鲸：弓头鲸最长可达 20 米，是北极鲸鱼中体型最大的一种。它全年都生活在北极海域，掠过海面捕食翼足类动物（海蝴蝶）、磷虾和小虾，它可以穿透厚度达 60 厘米的浮冰。

贝鲁卡鲸：贝鲁卡鲸是在北极地区幽灵般游弋的白色鲸鱼，是不同寻常的一种鲸鱼，因为它可以转动自己的头，并且像金丝雀一样歌唱。夏天，大量贝鲁卡鲸游进入海口，在那里蜕皮。它可以长到5米长。

一角鲸：雄性一角鲸有两颗牙齿，其中一颗穿透上唇，形成一根长且直的螺旋状长牙，长达 3 米，用来和其他雄性一角鲸决斗。一角鲸的体型与贝鲁卡鲸差不多。

北极海豹

有七种海豹经常出没于北极海域。

冠海豹：该物种的雄性可以长到 2.4 米，头上有充气的“帽”，当充气时，它垂悬在上唇上方，它们使这种红色的气球状鼻中隔膨胀，直到它从一个鼻孔中伸出，这样可以吸引雌性和恐吓雄性竞争对手。雌性于 3 月和 4 月初在浮冰上分娩，4 天后它们的幼崽就可以断奶——已知的断奶最快的哺乳动物。

竖琴海豹：竖琴海豹的幼崽以其纯白的毛皮而闻名，被人们称为“白大衣”。和冠海豹一样，竖琴海豹幼崽断奶也很快，最长约 10~12 天。雄性能长到 1.7 米长，雌性稍小。它们可以一次下潜到 275 米深的海水中，并维持 15 分钟来寻找鱼。

环斑海豹：幼崽出生在浮冰上的雪穴里。巢穴有一个逃生孔，可以让雌性和幼崽逃离北极熊。环斑海豹长 1.5 米，是北极最小的海豹，但分布广泛。北极地区有多达 600 万只环斑海豹，是北极海豹中分布最广泛的。

上图 阿拉斯加附近的白令海冰上的环斑海豹

小知识 世界上最稀有的海豹是僧海豹，它们不生活在极地地区，而是在亚热带海域，比如地中海和西非海岸，那里存活下来的不到 500 只。另外，大约有 1300 只生活在夏威夷海域。

南极洲的小小绅士

南极洲没有大型食肉陆地哺乳动物，所有的这类动物都生活在海洋中。甚至有些种类的鸟也已和海洋紧紧联系在一起，例如企鹅。企鹅已经放弃了自己的飞行能力，而是用鳍状的翅膀在水下“飞行”。

企鹅	高度	一般体重	繁殖地点
帝企鹅	1.2 米	40 千克	南极洲
阿德利企鹅	76 厘米	4 千克	南极洲
帽带企鹅	72 厘米	5 千克	南极洲和亚南极群岛
巴布亚企鹅	76 厘米	6 千克	南极地区，主要栖息在马尔维纳斯群岛
王企鹅	90 厘米	16 千克	南极洲亚南极群岛
马可罗尼企鹅	71 厘米	6 千克	南极洲亚南极群岛
跳岩企鹅	58 厘米	4 千克	亚南极地区，主要栖息在马尔维纳斯群岛
皇家企鹅	76 厘米	5.5 千克	只在太平洋的麦夸里岛
竖冠企鹅	60 厘米	4 千克	亚南极群岛
黄眼企鹅	79 厘米	6 千克	亚南极群岛和新西兰

帝企鹅：最大的企鹅，直立身高最大可达 1.3 米，体重 20~45 千克。当求爱时，它会显示出耳后亮橘色的毛。为了保护自己不受严寒的侵害，成群的成年企鹅和幼年企鹅会紧紧地拥抱在一起。雌性帝企鹅每次只能产一只蛋，雄性会把蛋抬到脚上并盖上一层保护性的皮肤，而雌性则离开负责寻找食物。

阿德利企鹅：这是在南极大陆生活的最小的企鹅，同时也是强大的游泳健将，可以从水里直接跳到陆地上。在喂幼崽食物之前，父母会鼓励它们先追逐玩耍猎物。

帽带企鹅：世界上最常见的企鹅种类，有1300万只。它们的名字来源于头部下面的黑色羽毛纹带，像戴了顶帽子。它们有尖锐的叫声，这给它们赢得了碎石企鹅的绰号。

巴布亚企鹅：橘红色的喙和蹼，头顶有一条宽阔的白色条纹是其特点。巴布亚企鹅在南极半岛繁殖，主要栖息地则是较为温暖的马尔维纳斯群岛。

王企鹅：这是体型第二大的企鹅。它的形状和大小与帝企鹅相似，头上、喙和脖子呈亮橘色。幼崽需要10~13个月的时间来抚养，所以父母每隔一年养育一只幼崽。

马可罗尼企鹅：在18世纪，当第一批英国探险家遇到一只头上长着黄色羽毛的企鹅时，他们想起了当时一位备受欢迎的、喜欢在帽子里插羽毛的年轻社交名流，他的名字就是马可罗尼。直到今天，这种企鹅仍然以马可罗尼企鹅的名字为大众所知。

跳岩企鹅：跳岩企鹅的名字源于它在岩石上的跳跃能力。和马可罗尼企鹅一样，跳岩企鹅也是一种有头冠毛的企鹅，黄色的羽毛像长长的眉毛。当幼崽4周大时，父母会抛弃它们。因此，幼崽会聚在一起，组成一个大的群体，像一个托儿所，既可以保暖又能保护自己不受捕食鸟，比如贼鸥的猎食。

其他冠企鹅：皇家企鹅有一个黄色眉毛型的羽毛，生活在南极洲和周围的岛屿。竖冠企鹅有一个从喙长出的黄色头冠。它们仅在新西兰南部的四个小岛上繁殖。

黄眼企鹅：分布在新西兰南岛、斯图尔特岛、奥克兰群岛和坎贝尔岛，黄眼企鹅是世界上最为稀有的企鹅之一。

豹形海豹：头号捕食者

帝企鹅的主要敌人是豹形海豹，这种海豹在外表上更像是爬行动物而不是哺乳动物。这种有斑点的细长海豹身长可以超过3.2米。它有非常大的嘴巴和犬牙，天生适合捕捉猎物，比如企鹅。它也是已知的唯一会捕捉和食用其他海豹，主要是较小的食蟹海豹的海豹。豹形海豹是独栖性动物。

上图 一只正在捕猎的豹型海豹

南极海豹

食蟹海豹：吃磷虾，不吃螃蟹。它有互相咬合的牙齿，形成过滤磷虾的筛子，它还会用鱼和鱿鱼作为日常饮食的补充。它栖息在南极洲周围移动的浮冰上。

威德尔海豹：生活在比其他哺乳动物更远的南方，其中生活在麦克默多湾的一个种群距离南极只有1287千米。威德尔海豹主要生活在海冰中，冬天它们用牙齿挡住海冰，从而保持呼吸孔的畅通。

罗斯海豹：很少见到它们的踪迹，事实上，直到对南极研究渐多的20世纪70年代，也只有不超过100个人目击到了活着的罗斯海豹。这种海豹在被靠近时会发出一种特殊的叫声，类似“嘎嘎”声，并把头往后仰。

小知识 世界上最小的海狮生活在赤道上，即加拉帕戈斯群岛海狮。在夜间，它会捕食那些沐浴在群岛凉爽海水中的鱼、章鱼和鱿鱼。

亚南极海狗

在南极辐合带（一个环绕南极的区域，在那里，寒冷的向北漂流的南极海水被推到温暖的亚南极海水下面）的北部和南部，是一个由孤立的岛屿和群岛组成的不连续的环。在南部的一些岛屿，它们是南极海狗的栖息地，而北边的亚南极群岛则是企鹅繁殖的季节性栖息地，同时也是几类海豹和海狮的季节性栖息地，包括亚南极海狗、新西兰海狮和南象海豹。

信天翁

拥有最长的翅膀，翱翔于南大洋之上——信天翁的平均翼展为 3 米。雌鸟飞遍海洋的广大区域，利用风将自己带到遥远的地方，几乎不费吹灰之力。雌鸟和雄鸟有不同的羽翼负荷，所以它们在不同地点觅食。雄鸟具有较高的羽翼负荷，通常在暴风雨更强的南极和亚南极上空飞行，而雌鸟则飞往北部较安静的亚热带地区。一只雄鸟在 33 天的觅食过程中能够飞行 1.5 万千米，而它的伴侣在同一时间正在巢中孵蛋。

臭氧空洞

虽然许多南极科学家正在研究冰上和冰下的生命和环境，但也有一些科学家更关心在天空上面发生的事情。20 世纪 70 年代，研究人员注意到南极上空的臭氧层出现了一个空洞。非常重要的臭氧层位于平流层，保护着地球表面的生命免受太阳有害紫外线的辐射，这种辐射会导致皮肤癌、破坏植被。这个空洞，在每年 8 月至 12 月初形成，在过去的 20 年中明显增大了很多，而且丝毫没有消失的迹象。

天空中的烟花

那些有幸在极地地区工作并仰望夜空的人，很可能会见证大自然最伟大的奇观之一——极光。极光在北半球被称为北极光，在南半球被称为南极光，一旦见到极光，必将永生难忘。移动的，由绿色、品红和蓝色的光组成的帷幔布满整个天空，有时伴随着微弱的噼啪声。这些光的来源是太阳。太阳的一股粒子流，被称为太阳风，散落在地球磁层的边缘，当它与电离层中的气体碰撞时，粒子就会发光，形成了人们肉眼可见的极光。

上图 阿拉斯加的北极光

地球动植物

生物王国

科学家们采用一种被称为林奈系统的类群层级系统对生物进行分类。该系统是以它的创立者，18 世纪瑞典生物学家卡尔·冯·林奈的名字命名的。人类的物种分类，从广泛的到最具体的如下图所示：

界	动物界				
门	脊索动物门				
亚门	脊椎动物亚门				
纲	哺乳纲	鱼纲	两栖纲	爬行纲	鸟纲
目	灵长目				
科	人科				
属	人属				
种	智人种				

物种

科学界已知的物种总数：175 万。

昆虫所占比例：超过 100 万种。

被认为存在的物种总数：约 870 万（±130 万）。

已经灭绝的物种所占百分比：99%。

比大黄蜂小的物种所占百分比：99%。

林奈认为只有两个界——植物界和动物界。目前，科学家划分了至少五个不同的界，详见下表

界	结构组织	获取营养方式	生物种类
原核生物界	小而简单的单细胞被称为原核生物（细胞核不被细胞膜包裹）；一些呈现链状或片状	异养 / 光能自养	细菌、蓝藻支原体和衣原体等
原生生物界	大的单细胞生物，被称为真核生物（细胞核被细胞膜包裹）；一些呈现链状或形成群落	异养 / 光能自养	各种类型的原生动物和藻类
真菌界	具有特化真核细胞的多细胞丝状体	异养	酵母、霉菌、黑粉菌、菇类等
植物界	具有特殊真核细胞的多细胞形态，不能自主运动	光能自养	苔藓、蕨类、裸子植物和被子植物
动物界	具有特化真核细胞的多细胞形态，能够自主运动	异养	节肢动物、两栖动物、爬行动物、鸟类、哺乳动物和鱼类

世界上的动物

地球上已知的动植物物种超过 150 万种，尚有数百万种等待我们发现。例如，大约有 7 万种已被描述的真菌，估计还有 150 万种有待发现；有至少 26 万种开花植物，1 克土壤中约有 4000~5000 种已知的细菌。在所有的已知动物物种中，

约三分之二是昆虫，包括超过 30 万种甲虫——这是上帝对甲虫有一种“特殊的偏爱”的结果，著名生物学家霍尔丹曾这样感叹过。

亚马孙动物园

亚马孙热带雨林是世界上最大的热带雨林区，覆盖南美大陆 700 万平方千米。因为热带雨林是动植物最密集的地区，而且是地球上生物多样性最丰富的地带，所以亚马孙热带雨林无可非议地被认为拥有世界上最大的存活物种资源。亚马孙热带雨林中有大约 2000 种动物和鸟类、数十万种植物和大约 250 万种昆虫。

下图 亚马孙热带雨林的濒危物种之一——美洲豹

深海生物

海洋深处是奇异怪诞生物的家园，它们可以有闪闪发光的眼睛、夸张尖锐的牙齿、巨大的嘴巴和奇怪的身体形状——从鞭冠鱼到吸血鬼乌贼。生活在高压、黑暗的深海中，这些动物很少被人类发现。

生活在最深海域的鱼类家族的纪录保持者是须鳚，然而科学家对它们却几乎一无所知。我们仅仅知道，这些鱼是底栖鱼类，它们在海平面以下 7 千米深或更深的地方生活和觅食。

世界上有记录的在海底最深处存活的鱼是神女底鼬鳚，它在波多黎各海沟中被发现，这个海沟的最深处有 9219 米。

珊瑚礁与生物多样性

真菌、海绵、软体动物、牡蛎、蛤蜊、螃蟹、虾、海胆、龟鳖目和许多鱼类在珊瑚礁中寻找食物和建立住所。珊瑚的结构为岩礁鱼类提供保护，使其免受食肉类，如鲨鱼和海狼的侵害。

根据记载，珊瑚礁只占海洋面积的 0.3%。但到目前为止，每 4 种海洋物种中就有一种是珊瑚礁居民，包括至少 65% 的海洋鱼类。

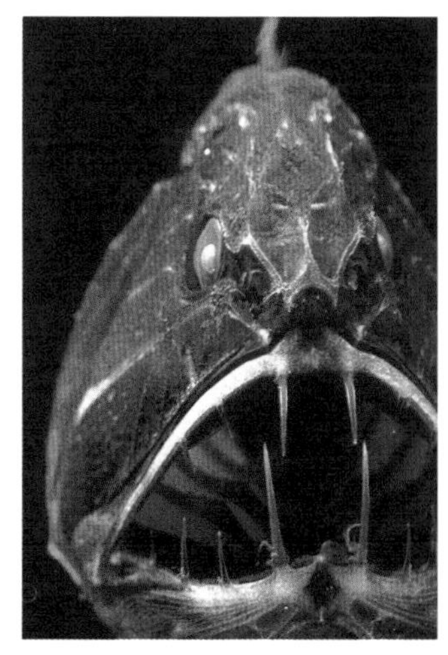

上图　“尖牙鱼”被发现在热带和温带水域下 4880 米的深度生活。

最大、最快……最恐怖

哪个物种统治着地球上的栖息地？我们人类总认为自己是动物王国中最强大的成员，但事实上，蚂蚁在所有这些生物中具有最大的影响力——人们普遍认为它们约占地球动物总生物量的 15%。至于谁在独立的有机体中影响力最大，下面列出了一些不同动物类别中的巨人：

最大的哺乳动物：蓝鲸，34 米长，重达 180 吨。

最大的陆地哺乳动物：非洲草原象，体长 5.4~7.5 米，重 3~6 吨。

最高的动物：长颈鹿，6~8 米高。

最大的爬行动物：咸水鳄，5 米长，重 600~1000 千克。

最长的蛇：网斑蟒，10 米长。

最长的鱼：鲸鲨，20 米长。

最大的鸟：鸵鸟，2.8 米高，重 156.5 千克。

最大的两栖动物：大鲵，长 5.8~8.3 米。

最大的昆虫：竹节虫，最大有 62 厘米长。

最快的

世界上速度最快的动物是游隼，它能够以 389 千米 / 小时的速度俯冲。在陆地上，猎豹是最快的，其速度高达 110 千米 / 小时，但这种速度只在捕获逃跑猎物时能在短距离内实现。美洲羚羊可以保持 67 千米 / 小时的速度奔跑达将近 2 千米。

最恐怖的

几个世纪以来，水手们一直在讲述可怕的“有触手的海怪”的故事，但直到 2004 年 9 月，才发现第一个关于巨型乌贼存在的可证实记录，它是由一组日本科学家团队在北太平洋 900 米深处用水下摄像机拍摄到的。虽然还不太清楚这些深海怪兽能长多大，但估计有 10~18 米，其巨大的黑眼睛的直径可达 50 厘米。最近的证据表明，巨型乌贼是具有攻击性的食肉动物。

上图 世界上最长的鱼和一名人类潜水员

动物吃什么

动物可以划分为三大类：食肉动物、食草动物和杂食动物。

食肉动物主要以肉类食物为主，而专性食肉动物只能吃肉。专性食肉动物不具备消化植物的能力，当它们吃植物时，通常是因为它们想让自己呕吐。食肉动物的另一个亚种是食虫动物，它们主要以昆虫为食，还有同类相食——以同类作为食物。最后一类食肉包括各种蜘蛛、蝎子、螳螂和鳄鱼，以及各种蟾蜍和鱼。

食草动物主要或只吃植物，而杂食动物可以很容易地同时吃植物和肉类。有证据表明，杂食动物特别聪明，也许是因为有更多营养选择。杂食动物包括人类、其他灵长目、熊、猪、乌鸦、老鼠和家养狗……所有这些动物都被证明是聪明的捕食者。属于其他较少见的饮食类别的动物包括：

碎屑食性动物：吃腐烂破碎的动植物残体。

食蜜动物：食用含糖丰富的花蜜。

食泥动物：吃泥巴。

嗜血动物：喝血。

食腐动物：吃动植物尸体及其分解物。

极端环境生存

一些动物已经进化出了独特且惊人的能力来保护自己免受捕食者或极端恶劣气候条件的威胁。

黏液包

将盲鳗放入一桶水中，桶里很快就会满溢稠稠的黏液。黏液保护盲鳗不受食肉动物的侵害，食肉动物一旦进入黏液就会窒息而死。那么，盲鳗为什么不会在自己的黏液中窒息而死呢？因为它有一个聪明的诡计：它把自己绑成一个结，将身体从结中穿出，擦掉分泌出的黏液。

小知识 在 1936 发现的一个蚯蚓标本展开时长达 6.7 米。澳大利亚吉普斯兰大蚯蚓的直径为 2.5 厘米，最长有 1 米，拉伸时可长至 4 米。

蛞蝓黏液可以非常迅速地吸收水分，并且吸收量是它本身初始体积的 100 倍。研究人员正在对其进行研究以求应用于实际，如在污水处理工程中的污染物捕集器和医院的伤口敷料方面的应用。

每天晚上，在热带珊瑚礁上，鹦嘴鱼用黏液做的茧就像睡袋一样包裹住自己。这样可以阻止它们的气味渗出到水中，并能防夜行食肉动物入侵，如鲨鱼和鳟科。

严寒

沙螽：新西兰古老的、长得像蟋蟀一样的沙螽具有独特的能力，它可以被冻僵，然后在 −10ºC 的温度下存活下来。其体内细胞里的水不会结冰，只有细胞间的水会结冰。

蛩蠊：这些是生活在冰川冰雪下面的昆虫。在雪的隔绝下，温度很少降到 −5 ºC 以下，幸好是这样，因为蛩蠊在 −5.8ºC 下会死亡。如果被放在人的手上，它们也会因过热而死亡。

上图 一只新西兰沙螽，拥有让人惊叹不已的能在零度以下生存的技能。

林蛙：来自北美，它们可以通过在血液中产生防冻化学物质而在 −8 ℃ 的低温下生存下来。这些物质被输送到体内的关键细胞，但不是全部细胞，它的大脑和眼球会被冻僵。

对抗引力

鸟类用翅膀飞行（有时飞行遥远的距离），而其他生物在跳跃和爬墙方面也非常有天赋，下面仅介绍几个大自然的小把戏。

向上移动

跳高健将：英国的吹沫虫堪称“世界跳高冠军”，它可以垂直向上跳 70 厘米——相当于一个人跳过一栋 70 层高的建筑物。

黏附能力：壁虎用脚上的特殊的“垫子”可以紧紧黏附在天花板和垂直的玻璃窗上。壁虎脚上的特殊纤维的力量非常强大，可以使它们支撑 40 公斤的重量，且不会掉下来。

翅膀扇动：某些蜂鸟可以以每秒 100 次的频率拍打翅膀。最小的一种蜂鸟，古巴的吸蜜蜂鸟，振翅频率达每秒 80 次；而红喉北蜂鸟每年秋天从美国东半部和加拿大飞行 3300 千米迁徙到中美洲。

飞翔的鸡：曾有一只家养鸡的飞行时长为创纪录的 13 秒。

翼展记录：翼展最长——长达 3 米——的鸟是信天翁。

环球旅行者

做一只候鸟需要勇气。这是真的！为了保存能量，候鸟会关闭它们的消化道并吸收肠道组织。而在它们能够再次进食之前，必须重新长出肠道组织。

2003 年在北威尔士海岸发现的一只曼岛鹱可能是有史以来已知的寿命最长的野生鸟类。它的年龄可能是 52 岁，至少已经飞行了 800 万千米，相当于环球飞行 200 次。

1988 年秋天，人们跟踪的沙漠蝗虫穿越了大西洋，从非洲（其实从那里开始，它们已经在陆地上飞行了一段距离）飞到了加勒比海上空，迁徙了 4500 千米，这使它们成为昆虫迁徙纪录的保持者。

大迁徙

种类	迁移距离（一年内）	路线
北极燕鸥	35400 千米	沿着欧洲和非洲的大西洋海岸，从北极到亚南极群岛，再回迁
短尾海鸥	33600 千米	以八字形飞行，从南澳大利亚州飞过太平洋到北太平洋，再飞回来
黑脉金斑蝶（成虫）	4000 千米	加拿大南部至墨西哥（单程）
灰鲸	20920 千米	下加利福尼亚州到阿拉斯加，再返回来
北美驯鹿	6000 千米	多次往返于加拿大魁北克北部的冻土带
棱皮龟	15000 千米	从南美洲的繁殖海滩迁移到大西洋东北部的进食水母点并返回
大白鲨	20000 千米	从南非到西澳大利亚州再回来

上图 伟大迁移者——黑脉金斑蝶

言语、情感和肢体语言

动物和我们真的很像——它们互相说话，或者呼唤同伴。通过实验，科学家们越来越相信有些动物能够感受情感。

动物声音

枪虾：这些虾用螯产生气穴低压气泡，发出巨大的啪嗒声。声音大到潜艇可以在途经它们的活跃地点时躲过声呐探测器的追踪。

座头鲸：它们唱的歌是已知动物中最长、最逼真的，一首歌可以持续半小时。同一种群中的所有鲸鱼都唱同一首歌，而且随着时间流逝，它们的歌声也随之有所改变。

雌性非洲象：它们发出一种极其低频（次声的）的隆隆声，可在草原上传播 10 千米，并在方圆 280 平方千米的范围内被雄性听到。雌性大象通过这种声音来宣布它们正在寻找配偶。

蓝鲸和长须鲸：它们是世界上发出的声音最大的动物。据计算，它们极低频的声音为 188 分贝，比喷气式飞机发动机的声音还要大，在 805 千米外都能被听到。据说，声音最大的陆地动物是吼猴。

奇怪的“啵嘤”声：在过去的 50 年里，这些声音一直都被军用水下监听站所截获，但所有人对于这是什么声音或是由谁发出的都没有头绪；直到 2005 年，科学家才发现“啵嘤”声是由雄性小须鲸发出的。

动物情感

杜克大学的研究人员进行了一项实验，他们允许普通猕猴付费（用果汁）观看其他猴子的照片。有趣的是，最多的果汁被花费用于看性感雌性或地位高的猴子的照片。

鲍林格林州立大学的科学家宣称，狗、黑猩猩和老鼠都会表露出情绪。当它们被挠痒痒的时候，这三种动物都会发出笑声——狗和黑猩猩会喘气，老鼠会叽叽喳喳。

伸出舌头

一种不寻常的等足类寄生动物，有一个拗口的名字缩头鱼虱，以红鲷鱼为宿主。这种寄生虫会进入宿主嘴里并吃掉

上图 一只变色龙正在弹射出它的舌头

宿主的舌头，当它吃完后，它坐在鱼嘴里假装是舌头，从寄生转为共生。

马达加斯加的斯芬克斯蛾拥有世界上最长的舌头。它的喙长达 35 厘米，它利用这个喙可以深入到马达加斯加的彗星兰中采集花蜜。

变色龙的舌头是身体本身长度的两倍，每秒弹射出 26 个身体的长度，相当于 22 千米 / 小时。其舌头末端的黏性垫在加速时有 50G 的加速度（航天员升空时的加速度是 3G）。

小知识 雌性红背蝾螈择偶时通过闻对方的粪便来选择配偶。粪便表明了它的饮食质量，从而可以推测它获取食物的能力。

关于交配

和人类一样，所有的动物都必须进行交配来繁殖自己的种群，但是它们有很多不同而有趣的方式来进行交配。

“网络”搜索

蜘蛛是这么做的——它们可以喷射蜘蛛网。蜘蛛可以非常精确地喷出唾液和毒液的混合物，把猎物带下来，这一技能可以使它们捕捉到比它们运动更快的昆虫。交配的时候，雌性蜘蛛也因为以这种方式了结伴侣的生命而臭名昭著，跑得快的狼蛛也不例外。在北美和欧洲，雌性狼蛛会先交配，然后逃离或吃掉潜在的伴侣。

对于生活在北美洲东部的雄性黄色花园蜘蛛来说，求爱和交配同时也是一个终结生命的行为。它接近雌性，交配，然后就会被困在她的生殖器中，并死在里面。它的自杀行为并不是完全疯狂且毫无道理的，因为这样可以阻止接下来有其他雄性前来交配，确保雌蜘蛛的下一代是它的后代。红背蜘蛛，原产于澳大利亚，也会在交配时死亡。然而，雄性红背蜘蛛非但没有试图逃跑，还通过翻跟头来将身体直接翻到雌性的嘴边。

吸引异性

雄性埃及秃鹫依靠自己亮黄色的脸来吸引雌性。这种颜色是以牛粪、山羊和绵羊粪便为食的结果，这些动物的粪便中含有类胡萝卜素——使胡萝卜呈橙色的色素。雄性埃及秃鹫吃的粪便越多，脸部的黄色越鲜亮，吸引来配偶的机会也就越大。

施比受好

雄性红体黄蜂蛾会给它的伴侣一件特殊的礼物——被蜘蛛猎杀的豁免权。它从一种名为狗茴香的野草中收集毒素，然后将装有毒素的细纱给他的伴侣披上。这种蛾子对毒素免疫，但是蜘蛛不会对毒素免疫。

延长交配时间

来自澳大利亚的雄性宽足袋鼩，是一种类似老鼠的有袋动物，它体内充满了睾丸素，以至于在交配时会处于一种真正的狂暴状态。射精持续超过 3 个小时，而且它和交配伴侣会在一起锁定 12 个小时。这种压力如此之大，以至于他会在交配的几天内死亡。

雄性琵琶鱼会像胶水一样黏在伴侣身上……千真万确！他大约只有雌性的十分之一大，当它找到交配伴侣后，它会咬住然后抓住伴侣。它的身体会逐渐解体，直到只剩下睾丸，而睾丸就留在那里，在伴侣身体的一侧，使卵子受精。

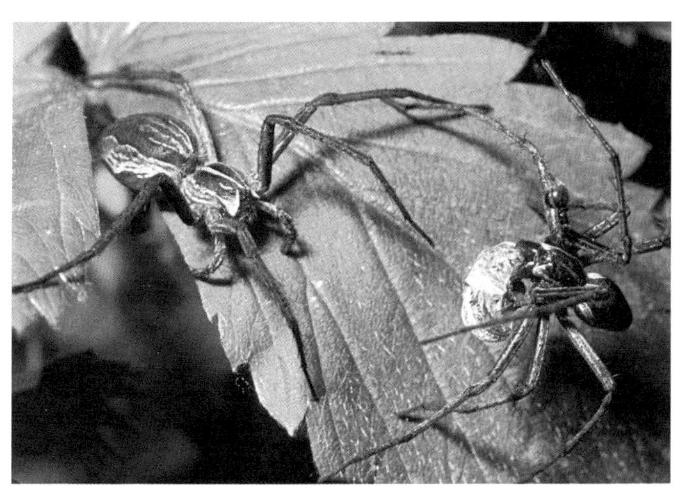

上图 求偶中的雄性狼蛛拿着一份美食礼物正在接近一只体型较大的雌性狼蛛

小知识 美洲短吻鳄幼崽的性别取决于它们的巢穴温度。巢穴温度低于30℃所产生的幼崽就全部是雌性；如果高于34℃，那么所有幼崽就都是雄性。

改变性别

小丑鱼生活在海葵的触手之间，它们对海葵具有免疫功能。但它们还有更奇怪的地方：最多只有六只小丑鱼可以共享一株海葵，其中两只会繁殖，另外四只不会。占统治地位的是雌性，但如果它死了，最厉害的雄性会改变性别并取代原来的雌性地位。

抚养幼虫

澳大利亚的胃育蛙在一个特别不寻常的地方——它的胃里孵化和哺育它的宝宝。雌性会吞下受精卵，蝌蚪在它的胃里发育，然后幼蛙从它的嘴里重新出现。不幸的是，这种独特的繁殖方式似乎再也不会被人们看到了。据了解，这种在胃里繁殖的蛙在野外已经灭绝了。

发热植物

巨魔芋：印度尼西亚的巨魔芋因其异常难闻的气味又以腐尸花之名被人们所知。它可以长到 3 米高，会产生可以吸引苍蝇的类似腐肉的气味。这种欺骗手段需要很多能量，以至于它每 10 年才能开一次花。1999 年，马萨诸塞州波士顿的一个植物园里有一株巨魔芋开花了，那些想体验腐肉气味的游客所排的队伍延伸了 3.3 千米。在剑桥大学植物园中，游客们曾等了两个小时，一直等到深夜（温室一直开放到午夜之后，这是这座拥有 155 年历史的花园首次开放到这么晚），才见识并闻到 2004 年 9 月在那里开花的标本。

死马海芋：科西嘉岛死马海芋的肉粉色花朵，闻起来就像腐烂的马尸一样，以便吸引苍蝇来帮助它们授粉。它也是自己加热，温度可以超过 30ºC。

羽裂蔓绿绒：产自巴西的羽裂蔓绿绒自己加热的机制更加复杂。它不仅可以产生热量，而且还可以将花的温度保持在 30~36ºC，即使室外空气温度低至 4ºC 也不例外。当空气温度达到 37ºC 时，其热量生产过程会关闭。类似地，莲花也可将花的温度维持在 30~36ºC。

臭菘：北美洲和亚洲的臭菘即使被雪覆盖也可以开花。在雪的下面，来自花的热量可以融化出一个雪洞。当气温在 0ºC 以上时，花的中心可以达到 20ºC。当周围温度在 0ºC 以下时，它可以比外部温度高出 30ºC，这种技能甚至连哺乳动物都很难做到，只能自愧不如 。

上图 臭菘

化学武器

气步甲背后的爆炸：在这种昆虫腹部顶端的一个腔室内，它将可以引发爆炸的化学物质混合起来。结果就是将滚烫的 100°C 的液体物质喷向捕食者，而且它们的肚子可以旋转

270°，从而能够从各个方位袭击入侵者。

圣十字架蟾的胶：当这种来自澳大利亚的蟾蜍遭受到干扰时，一种像强力胶一样的物质会从它的皮肤中渗出来。任何可能攻击它的东西，比如一只侵略性的蚂蚁，都会粘在它的皮肤上。等到蜕皮时，圣十字架蟾就会把它吃掉。

得州角蜥的血：这种蜥蜴被其多刺的皮肤保护着，但如果捕食者固执地对其进行攻击，它就会从眼睛后面的鼻窦喷出难闻的血液吓跑对方，并趁机逃之夭夭。

金色的箭毒蛙：来自南美洲，它是世界上最毒的动物之一。它的皮肤里有足以杀死 100 人的毒素，而且仅是触摸它的皮肤也会导致死亡。其实它本身并不产生毒素，而是从它所吃的甲虫身上获取到毒素，而甲虫转而从植物身上收集毒素。

寄生线虫的混合物：这些线虫会钻入幼虫和蛆体内，一旦进入到体内后，它们就会释放出一种致命的细菌混合物，这些细菌不仅会产生致命的毒素，而且还可以在黑暗中发光。当幼虫死亡后，线虫会将尸体和细菌一并吃掉，然后产卵。母线虫体内的其他卵孵化出来后，幼线虫就吃掉它们的母亲。它们交配、产卵，然后当幼虫最终被分解后，线虫的后代就被释放到土壤中。

立方水母的刺：在澳大利亚沿岸水域中，这种水母被认为是海洋中最毒的动物。如果有人触摸到它带刺的触手，就有可能死亡。不过奇怪的是，这些刺不能穿透女性的丝袜，所以勇敢的有男子汉气概的救生员会穿上丝袜来保护自己。

天气和大气

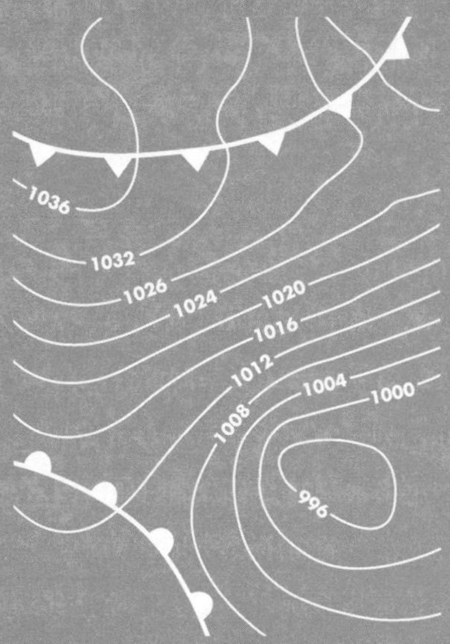

什么是天气？

天气是大气和海洋在全球范围内持续不断地重新分配热量和能量的结果。太阳是能量的主要来源，能量以怎样的方式被吸收和释放取决于是陆地还是海洋——海洋吸收和释放太阳热量的速度比陆地慢。因此，世界上不同的气候取决于陆地形状、是否是海洋以及纬度高低。

大气压

大气压力或空气压力是由于空气向下推而施加给地表的力量。高山上空气稀薄，所以空气压力相对而言比海平面要低。在矿井的深部上方有更多的空气，所以压力也更高。

高和低

处于低压的地区有上升的空气，空气上升得越高就越冷。冷空气比暖空气容纳的水分少，所以水会在灰尘颗粒上凝结成小水滴，从而形成云。因此，在低压地区经常伴有云和雨。

处于高压的地区有下降空气，空气降得越低就越暖。暖空气可以容纳更多水蒸气，所以高压地区往往伴随好天气——即便在冬天，非常冷的高压系统也可以形成。

高压系统较低压系统而言更大，而且移动更缓慢。在南

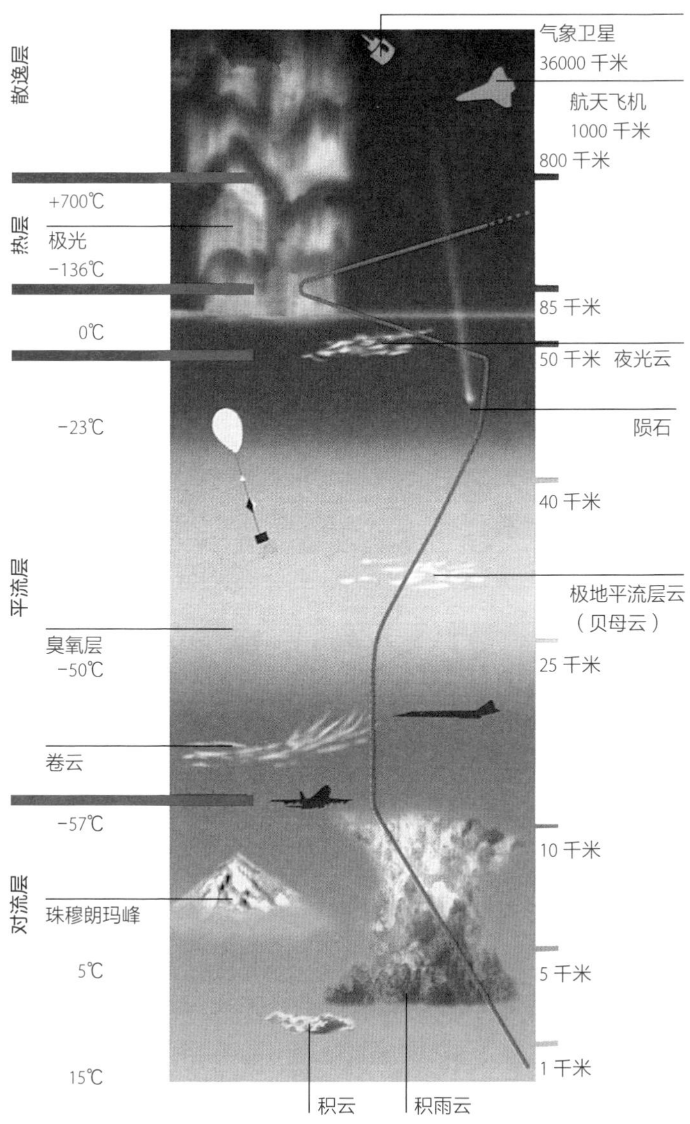
散逸层
热层
平流层
对流层
+700℃
极光
-136℃
0℃
-23℃
臭氧层
-50℃
卷云
-57℃
珠穆朗玛峰
5℃
15℃
气象卫星
36000 千米
航天飞机
1000 千米
800 千米
85 千米
50 千米 夜光云
陨石
40 千米
极地平流层云
（贝母云）
25 千米
10 千米
5 千米
1 千米
积云
积雨云

半球，风按逆时针方向吹；而在北半球按顺时针方向吹，而且相对来说一般比较小。

同等气压的点以等压线连接在一起。等压线环绕着高压和低压系统。风是大气试图平衡高压和低压中心的结果。如果等压线相距非常远，风就比较小；但是如果非常接近，就会狂风大作。

移动的空气

和南北两极相比，在赤道地区，太阳会更直接地照射地球表面，因此热带地区比两极地区更温暖。为了平衡温差，风会从热带地区吹到两极地区。由于地球自转产生的科里奥利效应，加上与地球表面的摩擦，使北半球的风向右偏转，而南半球的风向左偏转。

在赤道地区可以连续几周都只有微风或者没有一丝风。这一区域就是赤道无风带，但是在赤道上那些有温暖湿润空气上升的地区，就会形成厚厚的巨大乌云，然后降雨。

高处朝向两极的空气在北纬和南纬大约 30º 的位置开始下降，它会变暖、变干，然后在陆地上空产生形成沙漠环境的高压系统。

在北半球的赤道无风带以北是一个常年有风的东北信风带，帆船利用它来提升自己的航行速度。一个类似的风带——东南信风带，则位于南半球赤道以下相同的纬度以南。

在两个半球的信风带和极地地区之间，即在 30º 和 60º 纬度之间，出现的是西风带。大部分中纬度地区的天气都是在西风带下由西向东移动。两极则是极地东风带。

季风

在印度洋和南海，风向每年会发生两次180º的大转变。在秋季和冬季，亚洲大陆的温度下降，产生寒冷的高压系统。因此，风从陆地吹向低压的海上，形成东北季风。而春天和夏天时，大陆变暖，形成一个低压系统，然后风从海上吹向陆地，即东南季风。东南季风会携带大量降雨。

小知识 地面风速的最快纪录发生在1934年4月12日，在美国新罕布什尔州的华盛顿山，当时的风速为372千米/小时。

向上和向下

上升流向上吹向山脉，下坡风向下吹。当高而陡峭的山谷的一侧阳光明媚，空气变暖上升，而另一侧山谷很冷时，就会出现这种现象。比如，下坡风从安第斯山脉向下吹到海峡，越过火地列岛，拍打着大西洋和太平洋之间来来往往的帆船和小舟。

飓风的诞生

飓风形成于热带地区，那里有温暖的海洋、潮湿的空气和汇聚的赤道风。飓风形成之初是一种无害的热带低压（低气压），风速不超过 60 千米 / 小时的雷暴雨。在演变成为一个风速高达 250 千米 / 小时的完全成熟的飓风之前，它会先演变成一个风速达到 118 千米 / 小时的热带风暴。

大西洋飓风

袭击中美洲和北美洲东部海岸的飓风常常形成于非洲西海岸附近。想要形成一次飓风，海水温度必须高于 27℃。温暖潮湿的空气急速上升形成风暴云，然后它会被来自海洋表面的温暖且富含水分的空气所取代。风绕着形成的深低压旋转，类似于水流入一个排水管的过程。

飓风眼

飓风眼——低压的中心地带——本身却是异常的平静。但是，围绕飓风眼旋转的风墙是风力最强的地方。由飓风眼向外移动的暴风带为飓风提供了能量。

飓风的名字有什么意义

直到第二次世界大战，世界气象组织一直都只采用男性的名字来命名飓风。后来，在 20 世纪 50 年代和 60 年代，又全部采用女性的名字。自 20 世纪 70 年代以来，男性和女性的名字被交替使用，按字母顺序排列。当季的第一场飓风会被赋予以 A 开头的名字，接下来的飓风名字在字母表中按顺序排列。

一个飓风的名字会“退休”，也就是说在随后的10年内不会再次采用。这样是为了在提及一场风暴和风暴的破坏时不致引起混淆。

萨菲尔-辛普森飓风风力等级

	持续风速	气压/毫巴[1]	破坏力
一级	119~153千米/小时	980毫巴	最简单的建筑
二级	154~177千米/小时	965~979	房顶、门和窗
三级	178~209千米/小时	945~964	小型建筑
四级	210~250千米/小时	920~944	墙和整个屋顶
五级	超过251千米/小时	低于920	建筑物完全被摧毁

发生在北美的最强飓风（按低压中心分类）

飓风	地区	等级	日期	持续风速	飓风眼气压/毫巴
劳动节飓风	佛罗里达州	5	1935年9月2日	290千米/小时	892
卡特里娜飓风	路易斯安那州和密西西比州	5	2005年8月23—31日	280千米/小时	904 902
卡米尔飓风	路易斯安那州，密西西比州和弗吉尼亚州	5	1969年8月14—22日	305千米/小时	909 905
安德鲁飓风	佛罗里达州和路易斯安那州	4	1992年8月16—28日	265千米/小时	922

[1] 1毫巴$=10^5$帕。

（续）

飓风	地区	等级	日期	持续风速	飓风眼气压 / 毫巴
印第安诺拉	印第安诺拉，得克萨斯州	4	1886 年 8 月 29 日	未知	925
佛罗里达礁岛群	佛罗里达州和得克萨斯州	4 & 3	1919 年 9 月 10—14 日	241 千米 / 小时	927
圣费利 – 奥基乔比飓风	佛罗里达州	4	1928 年 9 月 16—17 日	232 千米 / 小时	929
唐娜飓风	佛罗里达州到新英格兰	5	1960 年 9 月 8—13 日	282~322 千米 / 小时	930
卡拉飓风	得克萨斯州	4	1961 年 9 月 11 日	241 千米 / 小时	931

龙卷风道

龙卷风最开始是一场强度比平时强度更大且持续时间更长的“超级单体”雷暴。风促进暴风雨打旋，形成漏斗状并加速，直到形成一个局部的、非常低压的系统，然后将更多空气吸入其中。这些暴风雨形成于寒冷、干燥的极地空气与温暖、潮湿的热带空气相撞的地方。在美国，这发生在中西部一条被称为龙卷风道的地带。

旋转的风

世界上最快的风，发生在 1999 年 5 月 3 日，俄克拉荷马城的一场龙卷风中，风速超过了 512 千米 / 小时。当天，在这个地区发生了 57 次龙卷风，造成 56 人死亡。

美国历史上最致命的龙卷风

三州龙卷风：1925 年 3 月 18 日发生的一场龙卷风横扫了 352 千米，跨越了密苏里州、伊利诺伊州和印第安纳州，成为有记录以来最长、最快的龙卷风。它以平均 97 千米 / 小时的速度穿越了美国。

纳奇兹龙卷风：1840 年 5 月 7 日，这场龙卷风沿着密西西比河向北移动，摧毁了河岸上的城镇、农场和许多船只。

右图 1973 年 5 月 24 日，俄克拉荷马州尤宁城内：一个处在早期阶段的龙卷风。

圣路易斯龙卷风：1896 年 5 月 27 日，龙卷风跨越密苏里州和伊利诺伊州，造成近 2 千米宽的破坏带。它是少数几个袭击了美国主要城市的龙卷风之一。

图珀洛龙卷风：1936 年 4 月 5 日，它横扫密西西比州图珀洛，另外，它还引发了盖恩斯维尔龙卷风。

盖恩斯维尔龙卷风：1936 年 4 月 6 日，这场龙卷风摧毁了佐治亚州盖恩斯维尔的主体建筑，包括库伯裤子工厂，并造成 203 人死亡。

火风

1869 年夏天，一股猛烈的旋风席卷了田纳西州的奇特姆县，烧毁了沿途所有的东西。马群被烤焦了，林地被烧着了，干草堆火光四射，整个农舍都被火焰笼罩着……当火焰到达河边时，它升起了一束圆柱状蒸汽，并最终熄灭。

在 1860 年，一阵非常热的风（风带约 90 米宽，温度有 50℃）吹过佐治亚州，烧毁了棉花作物并造成了人员死亡。

全球龙卷风

龙卷风的高发地区同时也是世界上主要的农业地区，如印度北部、中国东部和日本、澳大利亚东部、阿根廷北部 - 乌拉圭 - 巴拉圭农业区和美国中西部。农作物和龙卷风都需要相同的条件——湿度和季节变化带来的不稳定性。

小知识 连续三年——1916 年、1917 年和 1918 年——堪萨斯州的科德尔都在同一天，即 5 月 20 日，被龙卷风袭击。

雾

简单来说，雾就是靠近地面的一团云。当空气冷却到一个点——露点时，水蒸气就会在微小的灰尘颗粒上凝结，形成雾。

辐射雾：秋季和冬季的漫漫长夜给雾的形成提供了条件。这些是辐射雾，是由于地表辐射冷却作用使地面气层水汽凝结而形成的雾。

平流雾：寒潮之后，如果温暖潮湿的空气和冷空气相遇，这种突然的升温就会造成平流雾。在有风的情况下，平流雾可以持续几天。当来自温暖洋流的气流吹过冷洋流时，也可以形成平流雾，例如在旧金山附近周期性发生的平流雾。

上坡雾：如果温暖、潮湿的空气向山脉移动，它们就会被向上推，然后膨胀和冷却形成上升雾。

蒸汽雾：在温暖的湖面、池塘上方的冷空气会产生蒸汽雾，而这种冷空气如果在海面上方则被称为海烟。暖水面和冷空气之间的温差至少是 9ºC。

薄雾：如果水滴形成的云使能见度略有下降，就称为薄雾。但是，如果造成严重的能见度降低，就会被称为“雾”。

雾的种类	能见度
雾	500~ 1000 米
大雾	200~500 米
浓雾	50~200 米

小知识 雾霾是一种含有烟的雾，常见于大型工业城市或拥有大量机动车的城市。

小知识 1959 年 2 月 13 日至 19 日，由一场暴风雪带来的最大降雪降落在加利福尼亚的沙斯塔山上。总计有 480 厘米厚的降雪。

雨和毛毛雨

直径大于 0.5 毫米的水滴被称为雨。较小的水滴则称被称为毛毛雨。毛毛雨通常来自低而浅的云，雨则来自更深、更高的云。毛毛雨滴的数量比雨滴要多，而且使能见度降低。

潮湿的空气在上升时会冷却，水滴形成云；水滴碰撞融合在一起，形成毛毛雨。冰晶也会在云的内部形成，在它们周围聚集更多的水。它们碰撞产生雪花，下降过程中融化并形成雨。如果地面附近的温度低于冰点，它们就以雪的形式降落。

巨大的雪花

雪并不总是分散零落地飘洒而下。在 1887 年的冬天，大量的雪花落在英国的切普斯托市，它们有 9 厘米长，6.5 厘米宽，4 厘米厚。在同一时间，美国蒙大拿州的基奥堡地区的雪花甚至更大——直径为 38 厘米，厚度 20 厘米。

冰雹

冰雹是在巨大的雷云中形成的大型的冻结雨滴。当雪花降落到云层时，液态水在它们四周结冰，形成小冰球。当这些小冰球移动到云的底层时，便被上升气流带回到云的顶部，每次它们都会变得更大。小冰球被带回到云顶部的次数越多，落到地面上的冰雹就越大。

各式冰雹

爆炸冰雹：1911 年 11 月 11 日下午，冰雹“轰炸”了密苏里大学的校园，并在击中地面时炸裂开。

网球冰雹：曾经，一艘停泊在卡塔尔的乌姆塞德港口的轮船遭遇了冰雹袭击。这些冰雹大多和网球差不多大，但也有一些直径高达 13 厘米。

史上最大冰雹：据报道，1928 年在内布拉斯加州降落的冰雹直径为 17.8 厘米。此前在很长时间内保持最大纪录的是 1928 年 7 月 6 日在内布拉斯加州的波特村庄的冰雹，经测量，其直径为 17.8 厘米，重约 680 克。

椰子冰雹：在 1936 年，椰子大小的冰雹降落在南非德兰士瓦，毁掉了庄稼。

飞碟冰雹：在 1887 年，一场雷雨袭击了牙买加的金斯顿市，飞碟形状的冰雹砸落下来，直径约 2 厘米。

冰片：1894 年 6 月，当一场龙卷风席卷俄勒冈州东部时，伴随的巨大扁平的、形似冰片的冰雹有 8~10 厘米那么大。

龟冰雹：1894 年 5 月 11 日，发生在密西西比州维克斯堡以东约 12 千米处的一场冰雹中，人们发现了一块异常巨大的冰雹，里面有一只哥法地鼠龟，它完全被冰包裹着。

风暴

风暴的典型特征是伴有闪电和雷，通常还会带来强降雨、冰雹，甚至降雪。

1892 年，在西班牙科尔多瓦市发生的一场风暴中，雨水打在墙上、树上或地面上发出电光和火花。

上图　一个巨大的直径约 15 厘米的冰雹，来自美国国家强风暴实验室。

闪电——尽在眨眼间

闪电的速度为每秒 14 万千米。闪电看起来像是一道闪光，但实际上是多达 42 次主要的“击打”，或者说是同时向上和向下的闪电。第一次向上的闪电比第一次向下的闪电弱。每次击打之间的间隔是 0.02 秒，每次的持续时间是 0.0002 秒，平均闪光持续 0.25 秒。实际上，我们可以看到闪电击打之间的大部分光线。

球状闪电

1963 年 3 月 19 日，一架客机在夜间从纽约飞往华盛顿的途中遭遇了闪电。机舱内的乘客看到一个发光的球体从驾驶舱出现，穿过过道，然后“砰”的一声消失了。这很可能是球状闪电，与普通闪电不同，它似乎是无害的。

红色和绿色闪电

1925 年 5 月的一个晚上，在英国北卡德伯里的一次教堂礼拜上，集会人员观察到了红色的闪电。而 1927 年，在加拿大安大略省，人们看到了绿色的闪电。

幸运闪电

在新罕布什尔州肯辛顿的一次雷雨中，闪电击中了一块田地，造成一个直径约 30 厘米、深 100 米的洞。洞里面充满了水，随后就成了一个农场井。

晴空下的暴风雨

1886 年，一位船长看到了一道闪耀的闪电和一团雷鸣，尽管当时天气晴朗、阳光明媚。

红色精灵、蓝色喷流

红色精灵：这是一种红色的闪电，从云层顶部跃入平流层。它们只持续千分之一秒，但宽度可以达到数千米。它们的速度约为光速的十分之一——1.07 亿千米 / 小时。

蓝色喷流：喷流是从雷暴中心喷发而出的锥形闪电。

上图　多重云对云和云对地的闪电打击